»Dass die
ganze Umgebung
des Domes eine
würdige
Gestaltung erhalte«

Forschungen
zum Kölner Dom

hrsg. von
Barbara Schock-Werner
und Klaus Hardering

Band 2

hrsg.
im Auftrag des Präsidenten
des Zentral-Dombau-Vereins
zu Köln von 1842

CAROLIN WIRTZ

»Dass die ganze Umgebung des Domes eine würdige Gestaltung erhalte«

Der Zentral-Dombau-Verein und die Freilegung des Kölner Domes (1882–1902)

Verlag Kölner Dom 2009

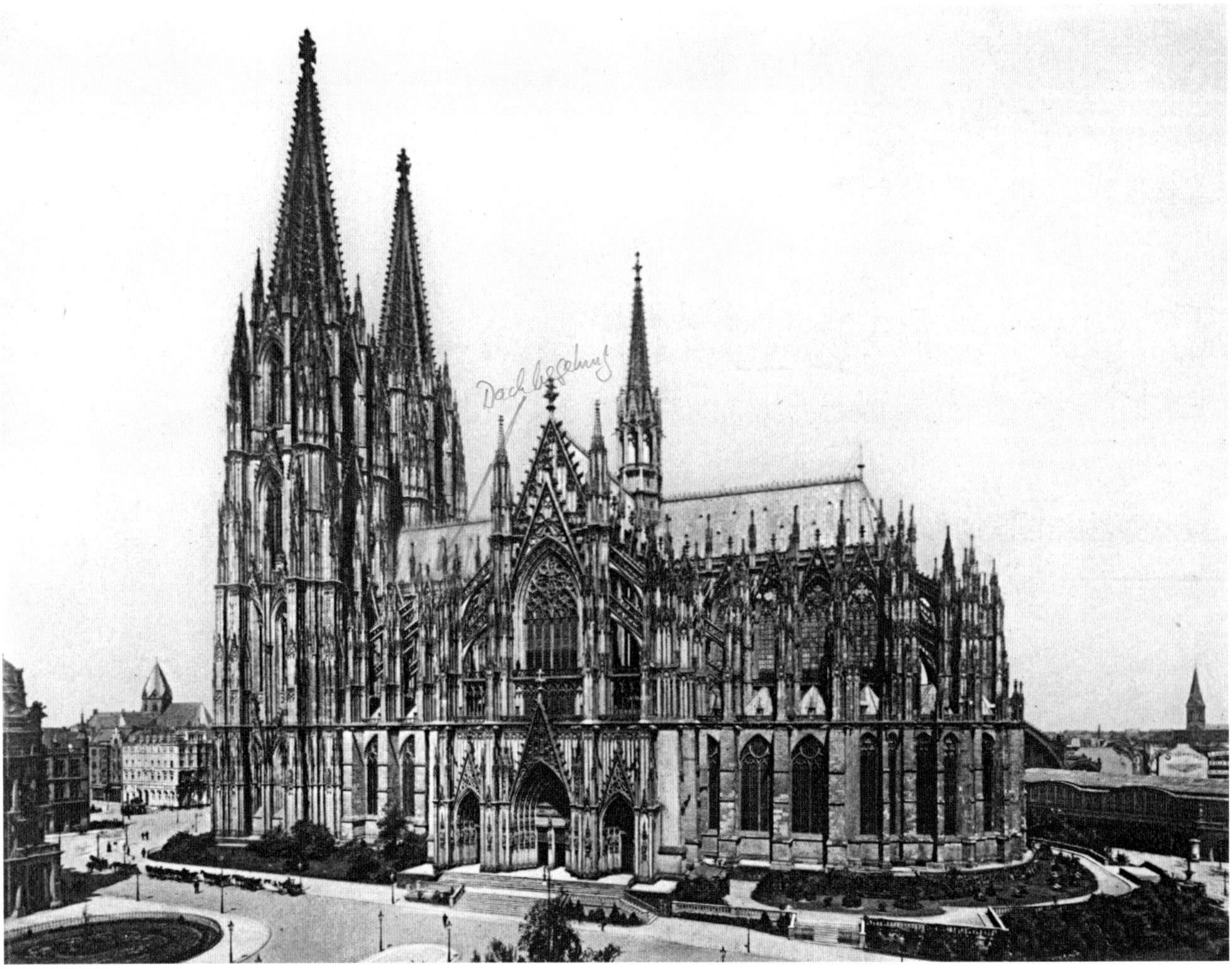

Gesamtansicht des Domes und
seiner Umgebung von Südosten.
Kupfertiefdruck nach einem
Foto von Theodor Creifelds,
um 1900, DBA Köln.

Inhalt

Vorwort

Das Areal rund um den Dom ist seit vielen Jahren ein Thema in der öffentlichen Diskussion. Ob es um die Bebauung durch das Römisch-Germanische Museum und das Museum Ludwig ging oder um die Nutzung und Gestaltung der direkten Domumgebung – immer wieder dienten auch alte Verträge und ihre vage Auslegung als Argumentationshilfe.

Dabei hatten die Initiatoren der Domfreilegung offenbar ein klares Ziel: den freien Blick auf den Dom und eine würdige Domumgebung. Aber wie genau ist dieses Ziel tatsächlich formuliert worden? Wie wurde es in die Tat umgesetzt? Was steht hierzu wirklich in den Dokumenten?

Antworten auf diese Fragen bietet die nun vorliegende Dokumentation, in der die Geschichte der Domfreilegung anhand der vorhandenen Quellen im Dombauarchiv und im Historischen Archiv des Erzbistums Köln aufgearbeitet worden ist. Die Rolle des Zentral-Dombau-Vereins und sein immenser finanzieller Beitrag zur Domfreilegung bildeten den Schwerpunkt der Untersuchungen.

Rund 60 Prozent der insgesamt 6,6 Millionen Taler – so viel kostete die Vollendung des Domes zwischen 1842 und 1880 – wurde von den Mitgliedern des Zentral-Dombau-Vereins und den Bürgern unserer Stadt aufgebracht: durch Beiträge, Spenden und den Kauf der Dombaulotterie-Lose. Die Freilegung erforderte weitere fünf Millionen Goldmark, die der ZDV zu 100 Prozent bezahlte.

Die zu Gunsten der Stadt Köln geschlossenen Verträge aus den Jahren 1863 und 1882–1902 enthielten dauerhafte Auflagen zur Gestaltung der Domumgebung: Das freigelegte Domareal sollte nicht wieder bebaut werden, um einen freien Blick von allen Seiten auf den Dom zu garantieren. Auch sei die Domumgebung »würdig« zu gestalten, sie solle als öffentlicher Platz nutzbar sein und zum Verweilen einladen.

Damals wie heute wünschen sich die Bürger der Stadt Köln ebenso wie Besucher und Gäste eine ruhige und würdige Domumgebung. Dies ist durch die Vielzahl verschiedener Freizeitaktivitäten auf der Domplatte heute nicht mehr gegeben. Die direkte Umgebung des Domes sollte jedoch ein gepflegtes Erscheinungsbild bieten, um ihren würdigen Charakter zurück zu erhalten.

Michael H. G. Hoffmann
Präsident des Zentral-Dombau-Vereins zu Köln von 1842

Abb. 1
Modell der Domumgebung
um 1800. Hans Boffin, 1950,
Kölnisches Stadtmuseum.

Einleitung

Wie es um die Umgebung des Kölner Domes vor dem Fortbau bestellt war *(Abb. 1)*, schildert ein um 1890 entstandener Bericht auf eine sehr anschauliche Weise. Gleichzeitig macht er die wesentlichen Begründungen für eine Neugestaltung der Domumgebung deutlich:

»Der weite Bau des Domes war von Häusern und Häuschen aller Art eingekeilt und eingepanzert; schmutzige Schmarotzerpflanzen wucherten am Fuße des verfallenen Riesenleibs, und an der Südseite war noch ein Kirchlein, die Hofpfarrkirche St. Johann angeklebt; ringsum selbst zwischen den Steinpfeilern, standen Hütten und Gaddemen[1], wo Rosenkränze, Hubertusriemchen, Dreikönigen-Briefchen und Heiligenbilder verkauft wurden; alle Baracken düster und traurig, eine schmutzige Schleppe an dem stolzen, von den Motten zerfressenen Mantel des Domes. Und dieser selbst! Jahrhunderte hatten an den von der Wuth der Stürme zerrissenen und zerbröckelten Pfeilern und Laubkreuzen genagt, das verwitterte Laubwerk war mit hohen Gräsern und Moos überzogen; auf den Giebeln, zwischen den zerklüfteten Galerien schaukelten die Nelkenviolen ihre goldbraunen, süß duftenden Blüthendolden; aus allen Ritzen und Fugen des Domes wucherten Sträucher und Büsche, wilde Rosen, Holunder und sogar stämmige Mispelbäume. Schmarotzerpflanzen aller Art schlangen ihre rankenden Arme und Gewinde um alle Theile des hohen Werkes, dessen Nähe jeden andern Ort, nur nicht einen christlichen Tempel vermuten ließ, und Gemüseweiber benutzten, mit ihren Körben auf dem Kopfe, den Dom zur Durchgangsstraße, um sich die Wege abzukürzen.

In der südlichen Ecke des Domhofes stand das schauerliche Criminalgefängnis, die Hacht, dessen düsterer Anblick an die Gräuel erinnerte, die in den dunkeln Verließen des Baues mit den steinernen Fuß- und Handstöcken, den Halseisen und schweren Fesseln begangen worden, – eine traurige Reliquie mittelalterlicher Barbarei. Der unheimliche Bau, welcher an die dem südöstlichen Eingang des Domes vorgebauten Häuser anstieß, war das ›hohe Gericht‹, wo den armen Sündern das Todesurtheil verkündet, der Stab über sie gebrochen und sie dem Henker überliefert wurden; den sog. ›blauen Stein‹, eine zerbrochene Schieferplatte, welche an der Kirche St. Johann eingemauert war mit dem kurfürstlichen Wappen darüber, hatten die Männer der französischen Revolution beseitigt; aber kein Kölner ging an der Stelle vorbei, ohne sich daran zu erinnern, daß die armen Sünder mit dem Rücken dreimal vom Scharfrichter an diesen Stein gestoßen wurden, ehe sie den Karren bestiegen und ehe die Armsünderglocke läutete, wobei der Henker die furchtbaren Worte sprach: ›Ich stüssen Dich an de blo'e Stein, Do küss dingem Vader un Moder nit mih heim!‹ Die ganze Südseite des Domhofs schlossen elende Hütten, morsche, hölzerne Baracken ab, von

1. Unter einer ›Gaddeme‹ versteht man seit dem Mittelalter ein kleines, nur aus einem Raum bestehendes Haus. Es konnte zum Wohnen, aber auch als Lagerraum oder Geschäftslokal genutzt werden. Vgl. Hermann Keussen, Topographie der Stadt Köln im Mittelalter, 2 Bde., Bonn 1910, hier Bd. 1, S. 118.

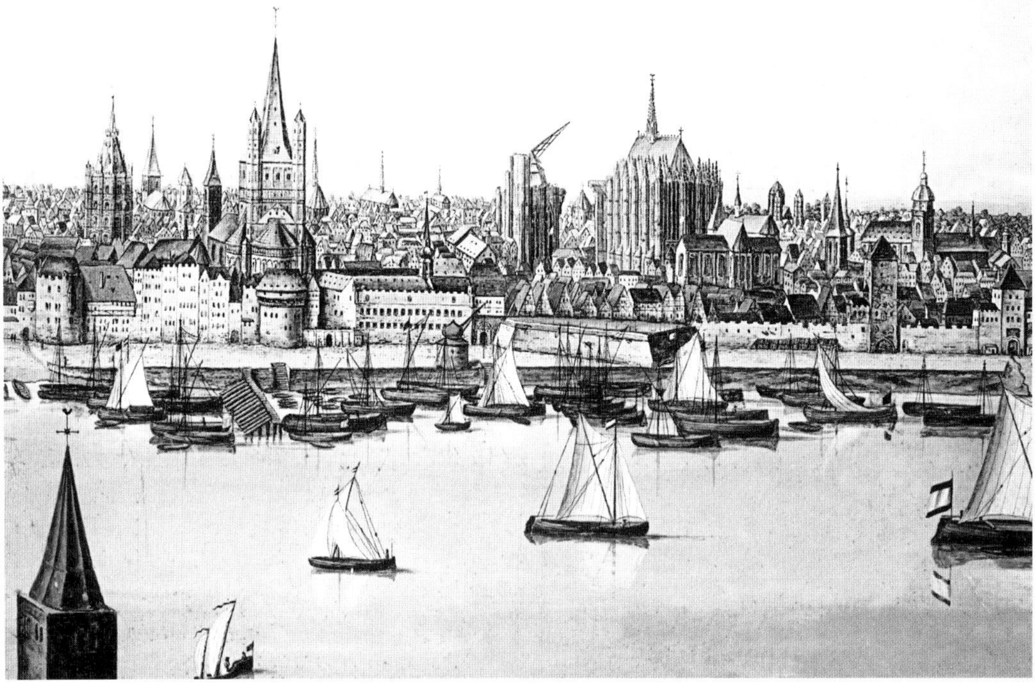

Abb. 2
Ansicht des Rheinufers mit Stadtbefestigung und St. Maria ad Gradus. Gemälde, um 1800.

Abb. 3
Domhof auf der Südseite des Domes mit Teil des ehemaligen Erzbischöflichen Palastes (links) sowie Pfarrkirche St. Johannes Evangelist und Erzbischöflichem Hochgericht (rechts). – Versorgung der Pestkranken. Gemälde, 1605, Kölnisches Stadtmuseum.

Schuhflickern und Altkäufern bewohnt, ›Krüffesger‹, an deren Bedachung ein Mann mit der Hand reichen konnte, überragt von einem hohen Baue, der Glaserhütte mit dem schwerfälligen Satteldache. – Jetzt ist das freilich ganz anders geworden, denn der Domhof selbst ist in einen freundlichen Rasenplatz verwandelt, der von Wegen durchzogen und mit Ruhebänken versehen ist; der Dom ist freigelegt; verschwunden sind all' die Hütten, Kirchlein und Gaddemen, die sich angenistet hatten, und in ansehnlicher Entfernung ist der Tempel von einer ununterbrochenen Kette von Palästen eingerahmt.«[2]

In den meisten europäischen Städten war die Umgebung der Kathedrale dicht bebaut. Häufig grenzte eine Anzahl unterschiedlichster Bauten sogar unmittelbar an die Kirchenmauern an. Die Kathedralen bildeten seit dem Mittelalter nicht nur das geistlich-religiöse Zentrum der Städte, sondern sie stellten auch einen bedeutenden Wirtschaftsfaktor dar, u. a. durch ihre Anziehungskraft auf zahlreiche Pilger. Dies ist einer der Gründe, warum das Gelände rund um die Kathedralen für die Errichtung vor allem von Geschäftshäusern aller Art äußerst beliebt war. Auch von der Möglichkeit, für den Bau von kleineren Gebäuden eine steinerne Wand oder Strebepfeiler der Kirchen zu nutzen, wurde Gebrauch gemacht. So kam es, dass in vielen Städten in ganz Europa die Kathedralen von einem dichten, gewachsenen und städtebaulich nicht kontrollierten Baubestand umringt waren.

Dies galt auch für den 1248 begonnenen Kölner Dom *(Abb. 2–3)*, dessen Bau im frühen 16. Jahrhundert unterbrochen wurde. Im Laufe der folgenden Jahrhunderte entstanden verschiedenste Gebäude in seiner Umgebung, die teilweise direkt an das unvollendete Bauwerk angrenzten und seine Mauern und Fundamente nutzten. Ein Plan vom Beginn des 19. Jahrhunderts *(Abb. 4)* veranschaulicht die Situation der unmittelbaren Domumgebung vor den zahlreichen einschneidenden Veränderungen, die hier vor allem im Laufe des 19. Jahrhunderts vorgenommen wurden.

An der Nordwestseite des Domes, am Domkloster, stand der Gebäudekomplex der Domdechanei, der durch die schmale Gasse Auf der Litsch von dem nördlich direkt an den Dom angrenzenden Dompastorat getrennt war. Auf der Nordseite lag in östlicher Richtung die Kirche St. Maria im Pesch[3] *(Tafel 6)*, die den Dombediensteten als Pfarrkirche diente. Die Kirche war im Spätmittelalter auf den Fundamenten des nördlichen Querschiffs des unvollendeten Domes errichtet worden und wurde im Zuge der Wiederaufnahme der Bauarbeiten bereits 1843 abgebrochen.

Im Nordosten schlossen sich mehrere Bauten an, die zur Hohen Domkirche gehörten *(Tafel 4–5)*, unter ihnen das Kapitelhaus und der so genannte Domkeller. Auf der Ostseite des Domes, gegenüber dem Chor, lag die Kirche St. Maria ad Gradus, die mit dem benachbarten Gebäudekomplex bis 1794 ein Stift mit einem eigenen Immunitätsbezirk bildete.[4] Nach der Säkularisation wurde sie im Jahr 1817 abgebrochen. Im Südosten, am Domhof *(Abb. 3; Tafel 1)*, stand der ehemalige Erzbischöfliche Palast, der im 18. Jahrhundert als Priesterseminar genutzt wurde. Direkt neben diesem lag die Pfarrkirche St. Johannes Evangelist.[5] Die Kirche war nach einem Brand 1745–1748 in barockem Stil wieder errichtet worden. Nach der Säkularisation funktionslos geworden, wurde sie 1828/29 niedergelegt; das direkt angrenzende ›Seminarium Clementinum‹ aus der Mitte des 18. Jahrhunderts musste 1864 weichen, da der Platz, den die nördliche Bebauung des

2. Wilhelm Koch, Köln und seine nächste Umgebung, Zürich 1890, zitiert nach: Hiltrud Kier, Die Kölner Domumgebung im späten 19. Jahrhundert, in: Kölner Domblatt 42 (1977), S. 189–208, hier S. 189–190.

3. Klaus Gereon Beuckers, Köln: Die Kirchen in gotischer Zeit (Stadtspuren, Bd. 24), Köln 1998, S. 233–234; Klaus Hardering, St. Maria im Pesch, in: Colonia Romanica XX (2005), S. 193–205.

4. Anna-Dorothee von den Brincken, Das Stift St. Mariengraden zu Köln, 2 Bde., Köln 1969; Beuckers (Anm. 3), S. 228–231; Birgit Lambert, St. Maria ad Gradus, in: Colonia Romanica XI (1996), S. 61–75; Eva-Maria Klother, St. Maria ad Gradus, in: Colonia Romanica XVIII/XIX (2003/2004), S. 398–404.

5. Beuckers (Anm. 3), S. 232–233; Holger Kempkens, Die Dompfarrkirche St. Johann Evangelist und das ›Seminarium Clementinum‹, Teil 1: die barocken Neubauten des 18. Jahrhunderts, in: Kölner Domblatt 70 (2005), S. 133–180; Holger Kempkens, Die Dompfarrkirche St. Johann Evangelist und das ›Seminarium Clementinum‹, Teil 2: die Ausstattung des 18. Jahrhunderts, in: Kölner Domblatt 71 (2006), S. 107–132.

Domhofes einnahm, für den Weiterbau des Südquerschiffes des Domes benötigt wurde. Direkt daran grenzte das Gebäude des Erzbischöflichen Hochgerichtes. An der südwestlichen Seite des Domes befand sich als bedeutendes Gebäude die »Aula Theologica«, die so genannte Hohe Schule der Theologischen Fakultät der Universität.[6]

Den äußeren Anlass für den Fortbau des seit beinahe dreihundert Jahren unvollendeten Kölner Domes bot die Wiederauffindung des mittelalterlichen Fassadenplanes. Die beiden Teile des Planes wurden 1814 durch Georg Moller in Darmstadt und 1816 durch Sulpiz Boisserée in Paris wiederentdeckt.[7] Die Begeisterung, die die Kulturschaffenden des frühen 19. Jahrhunderts dem Mittelalter und seiner baulichen Überlieferung entgegenbrachten, förderte das Vorhaben zudem in hohem Maße.

Am 3. September 1840 richteten 200 angesehene Bürger, unter ihnen Sulpiz Boisserée und Joseph Görres, eine Eingabe an den preußischen König Friedrich Wilhelm IV., um eine Genehmigung für die Gründung eines Dombauvereins zu erwirken. Ein Jahr später, am 8. September 1841, genehmigte der König die Statuten des Vereins, dessen erste konstituierende Sitzung am 15. Januar 1842 stattfand.[8] Die Grundidee des Vereins war, Geldmittel für den Fortbau des Domes zu sammeln und allen Interessierten die Möglichkeit zu geben, sich an diesem Projekt von nationaler Bedeutung zu beteiligen. Nach diesem Vorbild gründeten sich in den Folgejahren zahlreiche Vereine in allen deutschen Landen, um Spenden für den Dombau zu sammeln. Seit 1864 führte der Verein die staatlich genehmigten Dombaulotterien durch, um zusätzliche Mittel für den Dombau zu erhalten. Am 14. September 1880 war mit der Fertigstellung des Südturmes das große Ziel, die Vollendung des Kölner Domes, erreicht.

6. Allgemein zu den während des Fortbaues des Domes niedergelegten Gebäuden: Die ehemaligen Kirchen, Klöster, Hospitäler und Schulbauten der Stadt Köln (Die Kunstdenkmäler der Rheinprovinz 7,3), bearb. von Heinrich Neu, Hans Vogts u. a., Düsseldorf 1937.

7. Marc Steinmann, Die Westfassade des Kölner Domes. Der mittelalterliche Fassadenplan F (Forschungen zum Kölner Dom 1), Köln 2003; Arnold Wolff, Die Wiederauffindung des Fassadenplanes F und seine Ausstellung im Kölner Dom, in: Kölner Domblatt 72 (2007), S. 275–304.

8. Zur Geschichte des Zentral-Dombau-Vereins: Kathrin Pilger, Der Kölner Zentral-Dombau-Verein im 19. Jahrhundert. Konstituierung des Bürgertums durch formale Organisation, Köln 2004 (Phil. Diss.).

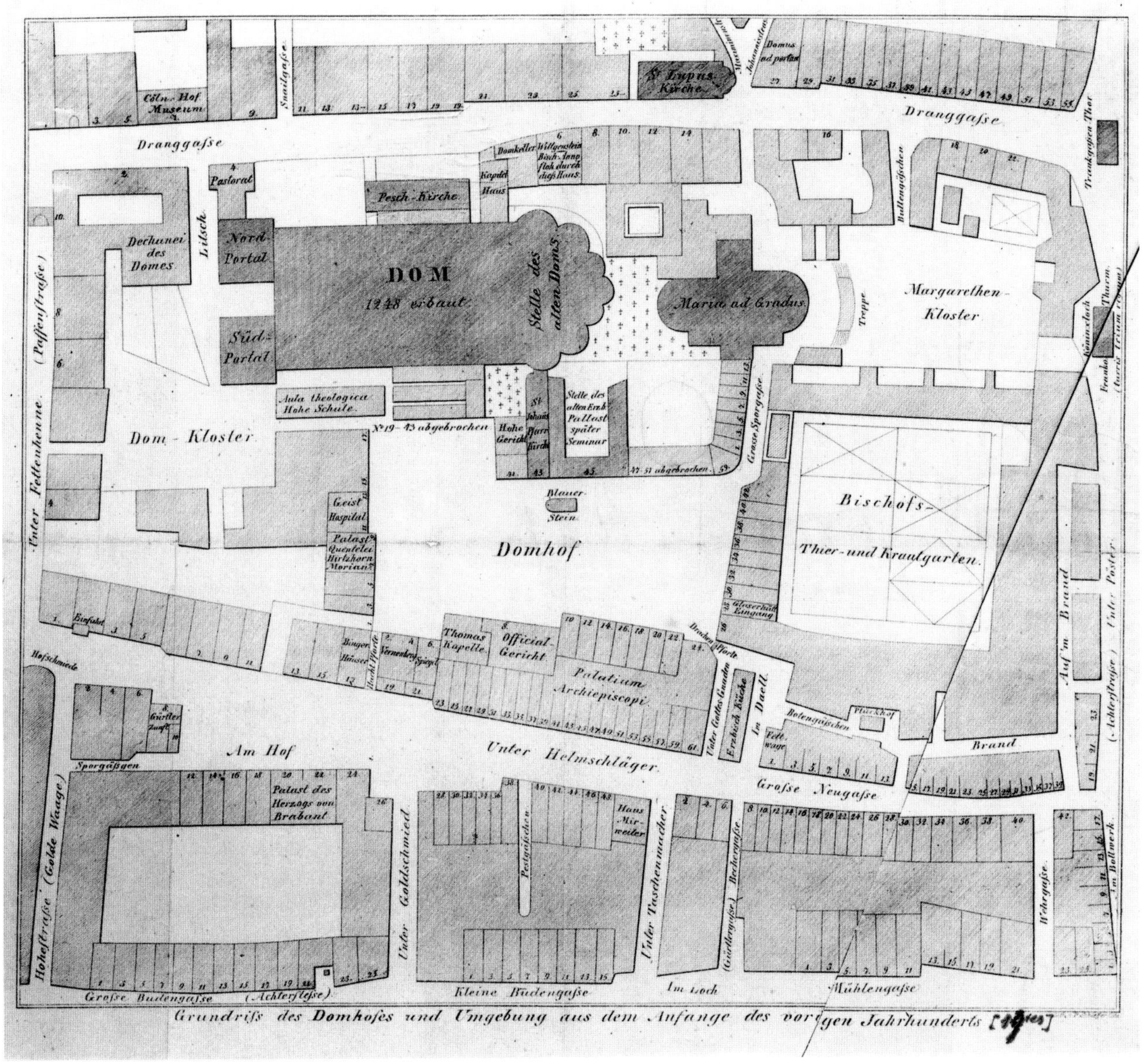

Abb. 4
Plan der Domumgebung vor 1830.
Aus: F. Kreuter, Wanderungen
durch das mittelalterliche Köln,
1855.

PROTECTORI

Vorüberlegungen und erste Pläne für eine Freilegung des vollendeten Domes

Die Idee, die unmittelbare Umgebung des Kölner Domes neu zu gestalten, entstand fast gleichzeitig mit den Plänen zum Fortbau des unvollendeten Bauwerks *(Abb. 5)*. Insbesondere auf der Südseite des Domes waren bereits mehrere Bauten für den Fortbau des Südquerschiffes niedergelegt worden. Auch an der Nordseite mussten einige direkt angrenzende Gebäude wie die Kirche St. Maria im Pesch dem Weiterbau des Domes weichen.

Das Ideal des 19. Jahrhunderts war ein modernes Stadtbild nach französischem Vorbild mit einer klar gegliederten, repräsentativen Bebauung, freien Flächen, breiten Straßen und Blickachsen. In anderen Städten, etwa in Ulm, war man bei der Freilegung des Münsters noch rigoroser vorgegangen und hatte historisch wertvolle Gebäude gegen starke Widerstände von Fachwelt und Bevölkerung geopfert. Die Stadtplanung in dieser Zeit war bestrebt, die als rückständig empfundene ›alte‹ Stadt mit ihrer gewachsenen Bebauung auf unregelmäßigen Grundstücken und damit die ›mittelalterliche Enge‹, die ursprünglich auch mit Lichtmangel und Problemen wie Brandgefahr und hygienischen Unzulänglichkeiten behaftet war, zu überwinden. Die Idee war, ein ›modernes‹, repräsentatives Stadtbild zu schaffen, in dem bedeutsame Gebäude wirkungsvoll in Szene gesetzt werden. In diesen Vorstellungen waren sich alle an den damaligen Vorgängen Beteiligten einig. Nur gelegentlich findet man Hinweise darauf, dass es auch ein Bewusstsein dafür gab, dass durch diese radikalen städtebaulichen Maßnahmen charakteristische Eigenheiten der gewachsenen Stadt unwiederbringlich verloren gingen, und dass das ›Alte Köln‹ an bedeutsamen Orten zu verschwinden drohte *(Abb. 6–7)*.

Die Vollendung des Domes war nicht nur ein Anliegen weiter Teile der Kölner Bevölkerung, sondern wurde vielmehr zu einer nationalen Aufgabe stilisiert. Der fertig gestellte Dom *(Abb. 8)* wurde, auch im Zusammenhang mit der Gründung des Deutschen Reichs 1871, als ein wichtiges Symbol der nationalen Identität betrachtet. Durch eine würdige Gestaltung seiner Umgebung sollte die denkmalhafte Bedeutung des Kölner Domes gesteigert und städtebaulich ein neuer Akzent gesetzt werden *(Tafel 8–9)*.

Vom 25. Juli 1855 stammt ein Schreiben des Verwaltungsausschusses des Zentral-Dombau-Vereins an das Domkapitel mit Vorschlägen für erste Planungen zu einer Freilegung des im Fortbau befindlichen

Abb. 5
Feier der Grundsteinlegung zum Weiterbau am 4. September 1842. Lithographie nach einer Zeichnung von Georg Osterwald, 1842, DBA Köln.

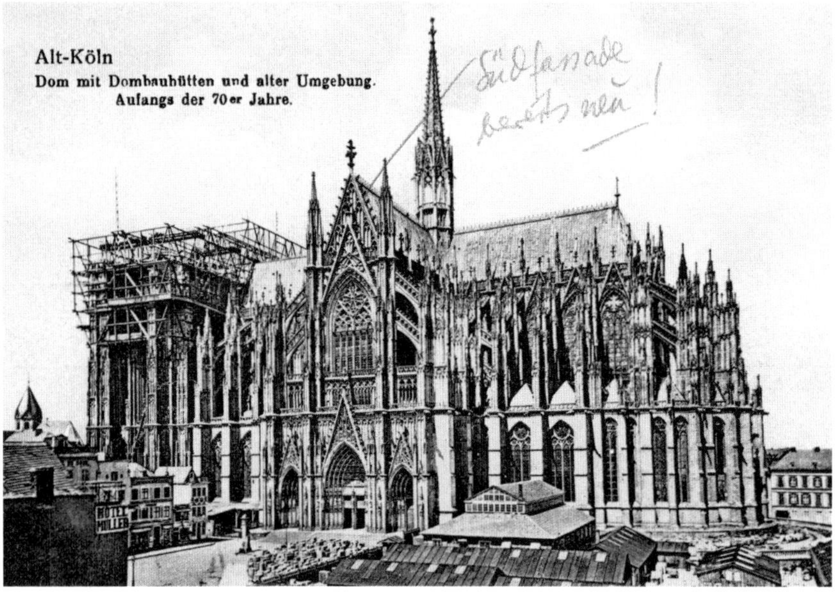

Abb. 6
Südseite des Kölner Domes.
Foto, nach 1870.

Abb. 7
Westseite des Kölner Domes.
Foto, um 1880.

Abb. 8
Westbau des Kölner Domes.
Foto, Johann Heinrich
Schönscheidt, nach 1882.

Domes.[9] Kurz zuvor war Dompfarrer Filz gestorben, und der Wechsel bei der Besetzung des Amtes bot die Gelegenheit, dem Domkapitel die neuen Pläne vorzustellen, die dahin gingen, durch einen Abriss der baufälligen Dienstwohnung des Dompfarrers eine Freilegung der Nordseite des Domes zu ermöglichen. Das Gebäude sei durch seinen schlechten Bauzustand und die ungünstige, feuchte Lage an der Nordseite des Domes als Dienstwohnung wenig angemessen. Das Domkapitel wurde zunächst nur darum gebeten, diese Vorstellungen in Erwägung zu ziehen. Das Schreiben schildert weiterhin, dass für den Fall einer Niederlegung des Dompastorats die Feuerversicherungsgesellschaft Colonia anböte, ihr in der Trankgasse Nr. 6 gelegenes Geschäftshaus (an der nordöstlichen Seite des Domes) abreißen zu lassen und das Grundstück für die Freilegung der nördlichen Domansicht zu stiften *(Abb. 9)*.[10]

In einem Brief vom 20. Februar 1862[11] berichtete Dombaumeister Richard Voigtel dem Domkapitel über die Veränderungen der Domumgebung im Zuge der weiteren Bauarbeiten am Dom. Demnach hätten die als Begrenzung für den Domhügel geplanten Abschlussmauern an der Ost- und Nordseite des Domes *(Plan 2)*[12] noch nicht ausgeführt werden können, da die dazu benötigten Grundstücke sich noch in der Hand von zwei privaten Firmen, der Köln-Mindener Eisenbahn-Gesellschaft und der Feuerversicherungsgesellschaft Colonia (Trankgasse 6 und 8) bzw. des Kölner Gymnasial- und Stiftungsfonds (Domhof 45, an der Südseite des Domes; *Abb. 10*) befänden. Auch habe sich das Domkapitel noch nicht über einen eventuellen Abriss des Dompastorats geäußert. Die beiden Privatfirmen hatten bereits zuvor angekündigt, ihre Grundstücke für die Freilegung des Domes noch im selben Jahr zur Verfügung zu stellen, und auch die Stadt Köln erklärte sich bereit, mit dem Stiftungsfonds über einen Ankauf seines Gebäudes an der Südseite des Domes (Domhof 45) zu verhandeln.[13] Voigtel berichtete weiterhin, die Dombauverwaltung habe das Steinmaterial für die geplanten Abschlussmauern bereits besorgt, werde jetzt aber bis zur Klärung der Eigentumsverhältnisse der genannten Grundstücke den Baubeginn der Abschlussmauern aussetzen. Ebenso müsste vor einer Verlegung von Einrichtungen der Dombauhütte – genannt werden der ehemalige Zimmerplatz an der Ostseite des Domes sowie eine Bauhütte am Domkloster, die als Bildhaueratelier genutzt wurde – die Rechte an den davon betroffenen Grundstücken geklärt werden.

Vom März 1863 stammen zwei Schreiben, in denen die Köln-Mindener Eisenbahn-Gesellschaft und die Feuerversicherungsgesellschaft Colonia die Bedingungen nennen, zu denen sie ihre Grundstücke in der Trankgasse stiften würden.[14] Ihr Hauptanliegen war, dass *die ganze Umgebung des Domes eine würdige Gestaltung erhalte und die Gefahr der Wiederaufrichtung von Gebäulichkeiten auf den fraglichen Grundflächen für alle Zeiten beseitigt werde.* Im zweiten Schreiben werden die Bedingungen präzisiert: [...] *die Ueberlieferung* [der Grundstücke] *an die Stadt erfolgt jedoch nicht eher, als wenn auch die an der südlichen Seite der Trankgasse vor dem Dome gelegenen Gebäulichkeiten der Köln-Mindener Eisenbahn-Gesellschaft und der Domkirchenverwaltung, namentlich der sogenannte Domkeller, das alte Kapitelhaus, die Bauhütte, die alte Treppe, die ehemalige Dompfarrerwohnung* [an der Ecke zur Litsch, so wie auch das am Domhof] *gelegene Gebäude der Schulverwaltung mit Zubehör zum Abbruch kommen können, und deren Grundflächen zugleich mit den jetzt mit Brettern abgeschlossenen Räumen vor der Ostseite des Domes zu gleichem Zwecke verfügbar gestellt und ohne weiteren Aufschub als freien Straßenraum oder als Schutz- und Schmuck-Anlage in Ausführung des allgemeinen Freistellungsplanes herangezogen und der allgemeinen Benutzung über-*

9. *Seit dem Tod unseres geschätzten Mitbürgers und Dombaufreunds, des Herrn Domcapitulars und Dompfarrers Dr. Filz, dessen Andenken uns allen stets theuer bleiben wird, ist die im Publikum längst genährte Hoffnung laut geworden, daß durch die Niederlegung der bisherigen Amtswohnung der Herren Dompfarrer die nördliche Seite des herrlichen Domes frei gestellt werden könne. Im Interesse des Dombaues, für den wir zu wirken berufen sind, und unseren Mitbürgern gegenüber, die thätig an dem Werke mithelfen, erachten wir es als eine Pflicht, die Aufmerksamkeit des Hochwürdigen Domcapitels auf diese Kundgebung zu lenken. Vor der Hand handelt es sich nur um die einfache Mittheilung des angesagten Gedenkens, und wir sind weit entfernt, dadurch irgendwie auf die Entschließungen des Hochwürdigen Capitels einwirken zu wollen. Wir hegen vielmehr die Ueberzeugung, daß auch ohne Kenntniß der Wünsche, welche sich gegenwärtig kundgeben, die Frage über die Zweckmäßigkeit der Verlegung des Pfarrhauses und die für diesen Fall wünschenswerthe Freistellung der Nordseite des Domes, einer gründlichen Prüfung im Schoße des hochwürdigen Capitels unterworfen werden wird. Der baufällige Zustand der Pastorat selbst, ihre verdeckte und dadurch feuchte Lage an der Nordseite des Domes, der Mangel angemessener Räumlichkeiten, wie sie sich zu einer Amtswohnung des Herrn Dompfarrers, der zugleich Mitglied des hochwürdigen Capitels ist, eignen: alle diese Gründe machen die Prüfung jener Frage nöthig* [...]. AEK, MK 550.

10. [...] *An die Ermöglichung dieser Freistellung*

Abb. 9
»Der Dom zu Coeln«. Ansicht des Domes mit freigelegter Nordseite. Vereins-Gedenkblatt für das Jahr 1869. Stahlstich nach einem Foto von Theodor Creifelds, DBA Köln.

Abb. 10
Das Gebäude Domhof 45 (rechts) schließt dicht an die Südseite des Chores an. Foto, Johann Franz Michiels, 1855.

wiesen werden können. [...] *Vorausgesetzt wird, daß innerhalb längstens 3 Jahren nach der Ueberweisung auch die Bauhütten auf dem Domhofe beseitigt, und der Domhof zugleich mit der übrigen Umgebung des Domes in harmonischer und das ästhetische Gefühl befriedigender Weise regulirt werde.*

Am 23. Dezember 1863 wurde der Vertrag zwischen dem Domkapitel, den beiden Firmen und der Stadt Köln über die Freilegung der direkten Umgebung des Domes geschlossen. Er war der Beginn der städtebaulichen Neustrukturierung dieses Geländes. *Dem Dom eine würdige Umgebung zu verschaffen und zu erhalten* wird als Vertragsziel festgehalten.[15] Die darin enthaltenen Vorstellungen von einer ›harmonischen‹ Gestaltung wurden maßgebend für die späteren Freilegungsprojekte. Die von diesem Vertrag betroffenen, teilweise direkt an den Dom angrenzenden Gebäude waren: aus dem Besitz des Domkapitels das Dompastorat (Auf der Litsch und Trankgasse; Abb. 11), die so genannte Aufseherwohnung und das alte Archiv (östlich vom Zugang zum Nordportal des Domes) sowie die alte Treppe, die von der Trankgasse zur Nordseite des Domes führte, und der an ihr gelegene Vorbau des Domkellers. Ferner betroffen waren die Häuser Trank-

des Domes knüpft sich für alle Freunde des Domes eine zweite Aussicht, die das hochwürdige Capitel mit Freude vernehmen wird. Die Feuer-Versicherungs-Gesellschaft Colonia, welche sich bereits durch bedeutende Beiträge für den Dombau ausgezeichnet hat, geht mit dem Gedanken um, ihr Geschäftslocal in der Trankgasse an der nordöstlichen Seite des Domes unter der Bedingung zu schenken, daß es abgebrochen und die Stelle, worauf es steht, nie wieder bebaut, und hierdurch eine freie Aussicht des Domes von dieser Seite für immer erhalten werde. Dieser Gedanke wird sicher zum Beschlusse erhoben, und die Ausführung nicht lange auf sich warten lassen, wenn die Hoffnung, daß dem Dome auch an der nordwestlichen Seite eine freie Ansicht verschafft wird, durch eine hochgeneigte Entschließung des hochwürdigen Capitels einen Grad von Gewissheit erlangt hat. Die Interessen des herrlichen Domes werden bei dieser Frage mehr berührt, und darin suchen wir unsere Entschuldigung, daß wir es gewagt haben diesen Gegenstand überhaupt vor Einem Hochwürdigen Domcapitel zur Sprache zu bringen [...]. AEK, MK 550.

11. AEK, MK 550. Vollständiges Zitat des Briefes siehe S. 85.

12. Auf dem Plan sind die Anlagen erkennbar.

13. Von diesem Freilegungsvorhaben waren die Gebäude betroffen, die direkt an den vollendeten Dom angrenzten.

14. Beide AEK, MK 550. Vollständiges Zitat der Briefe siehe S. 86–87.

15. AEK, MK 551. Vollständiges Zitat des Vertrages siehe S. 87–90.

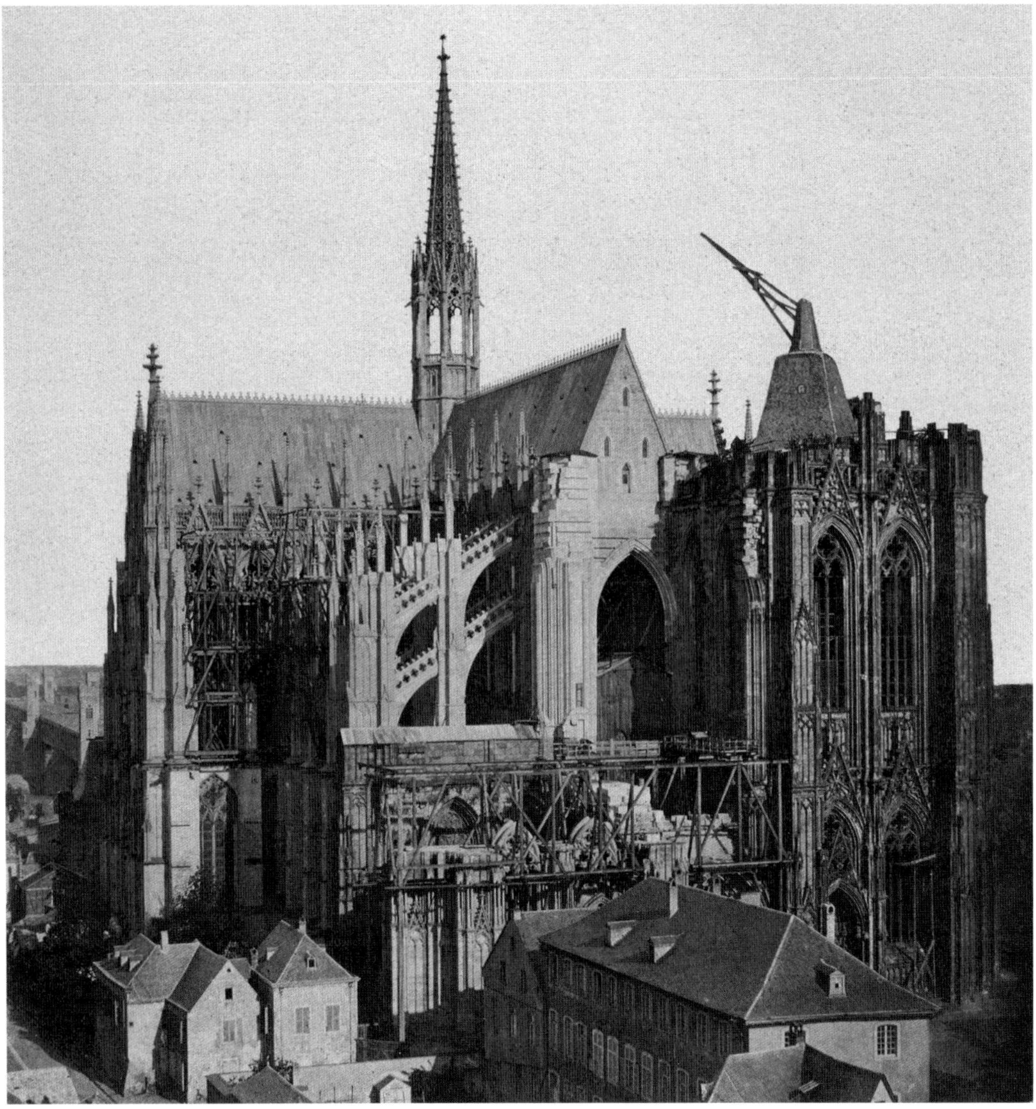

gasse 6 und 8 aus dem Eigentum der Feuerversicherungsgesellschaft Colonia bzw. der Köln-Mindener Eisenbahn-Gesellschaft an der Nordostseite sowie das Haus Domhof 45 des Gymnasial- und Stiftungsfonds an der Südseite, das zuvor durch die Stadt Köln angekauft worden war.

Im Westen sollte der Dom direkt an das Domkloster und die Gasse Auf der Litsch angrenzen. Auf den Nord-, Ost- und Südseiten bis zum Südportal war die Einrichtung eines Domumgangs vorgesehen, d. h. einer Möglichkeit, den Dom fast vollständig zu umschreiten (Plan 1). Durch diesen sollte der Dom im Norden von der Trankgasse, im Osten und Südosten von Frankenplatz und Großer Sporergasse und im Süden vom Domhof getrennt werden. Im Südwesten folgte das schmale Domhofgässchen, das den Domhof mit dem Domkloster verband.

Um den Domumgang einzurichten, plante man an der steilen Nord- und Ostseite des Domhügels die Anlage von Mauern und Treppen (Abb. 12–13; Tafel 7). Zur Ausschmückung waren Grünanlagen vorgesehen. Der Umgang konnte durch Gittertüren abgeschlossen werden, sollte jedoch grundsätzlich von Sonnenaufgang bis eine halbe Stunde nach Sonnenuntergang für die Öffentlichkeit zugänglich sein und wie ein öffentlicher Platz zum *Ein- und Ausgange und zum Verweilen daselbst* genutzt werden dürfen. Ausdrücklich ausgeschlossen waren hier Reiten und Fahren. Eine *vorübergehende oder theilweise Sperrung, wenn dieselbe von dem Dom-Kapitel und der Stadt übereinstimmend für angemessen erachtet wird,* sollte nicht völlig ausgeschlossen

Abb. 12
Domumgang östlich des Chores mit Treppen- und Grünanlagen. Foto, 1907.

Abb. 13
Ostseite des Domes mit Domumgang und Treppenanlagen. Foto, Johann Heinrich Schönscheidt, 1880.

Abb. 11
Unvollendeter Dom mit dem Pastoratsgebäude an der Nordwestecke (links). Foto, Gebrüder Schönscheidt, vor Oktober 1862.

bleiben.[16] Einzelne Fragen zur Gestaltung und vor allem die Klärung der Bedingungen, unter denen der Umgang durch Öffnung der Gittertore für die Öffentlichkeit zugänglich gemacht werden sollte, führten noch mehrere Jahre zu Diskussionen zwischen dem Domkapitel und der Stadt Köln.[17] Die Grundfläche dieses Domumgangs wurde nach einem langen Rechtsstreit von der Stadt Köln 1888 an die Domkirche übertragen.[18]

Alle außerhalb des Umganges vor dem Fuße des selben [des Domes] *gelegenen Theile der vorerwähnten Grundstücke werden der Stadt Köln überwiesen für Zwecke des öffentlichen Verkehrs.* [...] *Gebäulichkeiten oder Ueberdachungen irgendeiner Art* [...] *dürfen auf dem Umgange nicht errichtet werden, vielmehr soll die Luftsäule auf dem ganzen Umgange jederzeit frei bleiben. Ebenso wenig ist es gestattet, auf den übrigen Theilen der* [...] *Grundstücke Gebäulichkeiten zu errichten.* Ausgenommen von dieser Regelung war die Sakristei des Domes, die erhalten blieb. Auch stand durch den Vertrag dem Domkapitel die Möglichkeit zu, neben der Sakristei an der Nordseite des Domes ein Kapitelhaus zu errichten. *Die übrigen Theile des Umgangs um den Dom und ebenso alle außerhalb der Einfriedigung des Ausganges liegenden Theile der Grundstücke welche in den vorstehenden Bestimmungen zur Freilegung des Domes überwiesen sind, dürfen nur zu Wegen und Straßen und zu Schutz- und Schmuck Anlagen benutzt werden.*[19]

So hatte man den Dom bei seiner Vollendung bis auf den Sakristeikomplex von allen direkt angrenzenden Bauten befreit und auf diese Weise den geplanten Domumgang verwirklicht. Im Westen und Süden standen jedoch immer noch Gebäude sehr dicht am Bauwerk (Abb. 14–15), nur durch die schmalen Gassen Auf der Litsch und Domhofgässchen vom Dom getrennt. Diesen Zustand empfand man weiterhin als Missstand, der baldmöglichst zu beheben sei.[20]

16. AEK, MK 551.
17. Zu den Details dieser Auseinandersetzungen: AEK, MK 551.
18. AEK, MK 551: Vertrag zwischen der Stadt Köln und dem Domkapitel vom 18. Juni 1887 und notarielle Urkunde vom 4. August 1888.
19. AEK, MK 551. Vgl. Anm. 15.
20. Für die verschiedenen realisierten und unrealisierten Pläne zur Neugestaltung der unmittelbaren Umgebung des Domes und für deren städtebauliche Aspekte grundlegend: Judith Breuer, Die Kölner Domumgebung als Spiegel der Domrezeption im 19. Jahrhundert (Landeskonservator Rheinland, Arbeitsheft 10), Mönchengladbach 1981, S. 110 (Phil. Diss. Bonn 1980).

Abb. 14
Südseite des unvollendeten Domes
mit umgebender Bebauung.
Foto, Anselm Schmitz, 1879.

Abb. 15
Ansicht des Domes
von Nordwesten.
Foto, nach 1882.

Abb. 16
Südseite des Domes mit umgebender
Bebauung. Foto, Anselm Schmitz, 1878.

Die engere Freilegung des Domes (1884–1886)

Im Zentral-Dombau-Verein kam es bereits während des Weiterbaus des Domes zu konkreten Überlegungen, wie die Domumgebung weiter freigelegt und damit würdig gestaltet werden könnte. Das bereits erwähnte Schreiben von 1855[21] zeigt die Bemühungen, das Domkapitel, das ein wichtiger Verhandlungspartner bei allen Freilegungsprojekten war, von dem Vorhaben zu überzeugen. So war der Zentral-Dombau-Verein indirekt bereits an dem ersten Vertrag zur Freilegung der Domumgebung von 1863 beteiligt.

Kurz vor der Einweihung des Domes wurden diese Überlegungen zur Neugestaltung wieder aufgenommen. In einer Vorstandssitzung des Vereins, die am 29. Juli 1879 im Hansasaal des Rathauses stattfand, beantragte das Vereinsmitglied Wilhelm Anton Hospelt, in der folgenden Sitzung eine Kommission für die Freilegung der Domumgebung zu wählen, um mit konkreteren Planungen für das Projekt zu beginnen.[22] Bereits einen Tag später legte Christian Boisserée[23] in einem sehr engagierten Antrag detaillierte Pläne vor, mit denen er das Freilegungsprojekt vorantreiben wollte.[24] In diesem Antrag drang er auf eine Bevollmächtigung, mit den Eigentümern der von den Freilegungsplänen betroffenen Grundstücke erste Verhandlungen zu beginnen, um festzustellen, ob die Grundstücke auf der Südseite des Domes (Abb. 16) grundsätzlich zur Verfügung stünden, *um denselben so viel als möglich in seiner ganzen imposanten Prachtfülle zur Geltung zu bringen.*[25] Dies sollte in erster Linie einer Klärung der zu erwartenden Kosten dienen. In dieser Phase der Planungen war die juristische Rolle, die der Zentral-Dombau-Verein und die Stadt Köln bei den Verhandlungen mit den Grundstückseigentümern und bei der Durchführung der konkreten Freilegungsmaßnahmen innehaben sollten, noch nicht festgelegt. Auch die Frage, wer mit welchen Mitteln die Kosten zu tragen hätte, wurde zu diesem Zeitpunkt noch nicht verhandelt, um zunächst grundsätzlich festzustellen, ob das Projekt überhaupt zu realisieren sei.

Die Stadt Köln hatte bereits ein neues städtebauliches Konzept in der Domumgebung geplant, in dem eine Änderung der Baufluchtlinien und eine Erweiterung der schmalen und steil ansteigenden Gasse Auf der Litsch, der Passage zwischen Trankgasse und Domkloster, vorgesehen waren. Im Zuge der Vorplanungen für die Freilegung schlug der Dombau-Verein vor, dieses Projekt mit den Maßnahmen der Stadt Köln zu verbinden, da der Bereich an der Westseite des Domes von beiden Plänen betroffen war.

21. Vgl. Anm. 9–10.
22. DBA Köln, Bestand ZDV, Tit. XIIa, 1, S. 1–2.
23. Christian Boisserée war der Sohn von Bernhard, dem Bruder von Sulpiz Boisserée.
24. DBA Köln, Bestand ZDV, Tit. XIIa, 1, S. 3.
25. DBA Köln, Bestand ZDV, Tit. XIIa, 1, S. 3.

Abb. 17
Domherrenhäuser Domkloster 7 (links) und 9 (Mitte). Foto, um 1900.

Abb. 18
Lediglich das Domhofgässchen trennt den Westbau des Domes nach Süden hin von den Häusern Domkloster 8 (links) und 6 (rechts). Foto, Anselm Schmitz, 1876.

Abb. 19
Die Häuser Domkloster 8 (links), 6 (Mitte) und 4 (rechts) südlich der Westfassade des Domes. Foto, vor 1886, Kölnisches Stadtmuseum, Graphische Sammlung.

Abb. 20
Die Häuser Domhof 13–17 (Mitte) stehen nahe an der Südseite des Domes (Detail aus Abb. 10).

Die für die erste Freilegungsphase vorgesehenen Gebäude[26] waren (*Plan 2*):

1. Das Haus Domkloster 9 (Auf der Litsch) mit einem Gartenstreifen in der Breite des Hauses bis zur Trankgasse, das dem Domkapitel gehörte (*Abb. 17*).
2. Das Haus Domkloster 8, das von der Stadt Köln als Dom-Mädchenschule genutzt wurde (*Abb. 18–19*).
3. Das Haus Domkloster 6, das zum Besitz des Essenzen- und Likörfabrikanten Joseph Seelig gehörte.
4. Die vier Häuser Domhof 13, 13-, 15 und 17, die dem Kölnischwasser-Fabrikanten Peter Gustav Schaeben gehörten (*Abb. 20*).

Hinsichtlich der Verhandlungsbereitschaft der Eigentümer war Boisserée sehr optimistisch: *Bei dem Bewußtsein der Bürgerschaft Kölns, daß unsere Stadt durch diesen Wunderbau vor allen anderen Städten Deutschlands eine beneidenswerte Bevorzugung genießt, darf man nicht zweifeln, daß die Vertreter der städtischen Verwaltung mit unseren Gemeindeverordneten im Geiste der Bürgerschaft handeln und die alten Schulgebäude auf dem Domkloster No 8 und 8a unentgeltlich zur Niederlegung überlassen werden. Was die übrigen* [für die Domfreilegung] *zu erwerbenden Gebäulichkeiten an der Südseite betrifft, so läßt sich bei deren fast baulosen Zustande und bei dem patriotischen Sinn der Eigenthümer erwarten, daß die Forderungen nicht allzu hoch gespannt werden sein und dürften dieselben sich besonders willfährig zum Verkaufe für einen angemessenen Preis finden lassen, wenn es der städtischen Verwaltung, im Interesse des Domes und Erleichterung des Verkehrs, gefallen sollte das Allignement zwischen Domkloster und Domhof, in der Fluchtlinie des Tillmes'schen und M. von Oppenheim'schen Hauses* [Domkloster 4 und 2; *Abb. 19*] *für ewige Zeiten, bald möglichst festzustellen und die Genehmigung dazu von der königlichen Regierung zu erwirken.*[27]

26. Zur Lage der Gebäude vgl. Plan 2 (Stübben-Projekt). Dort sind die betroffenen Grundstücke mit den Namen der Besitzer eingezeichnet.
27. DBA Köln, Bestand ZDV, Tit. XIIa, 1, S. 3.

Auch stellte er bereits jetzt Überlegungen zu einer zweiten Freilegungsphase an, für die weitere Grundstücke erworben werden sollten. Dabei handelte es sich um:

1. Das Haus Domhof 3, die so genannte Hacht, das dem Kaufmann Johann Baptist Greven gehörte.
2. Zwei Geschäftslokale am Domkloster, deren Hausnummern nicht genannt werden, und die durch das Domkapitel vermietet waren.
3. Das Haus Unter Fettenhennen 8, das ebenfalls dem Domkapitel gehörte und als Ladenlokal vermietet war.
4. Das Haus Unter Fettenhennen 6, im Eigentum von Peter Roosen.

Am 28. August 1879 beschloss der Verwaltungsausschuss des Zentral-Dombau-Vereins, diesen Antrag ruhen zu lassen, bis eine Kommission gegründet sei, die die Beschaffung der finanziellen Mittel für das Freilegungsprojekt klären sollte.[28] In einer weiteren Sitzung am 29. September 1879 wird der Vorschlag, die Freilegung der Domumgebung von Seiten des Zentral-Dombau-Vereins zu betreiben, heftig diskutiert. Von Beginn an waren die Pläne für eine Freilegung unter den Mitgliedern sehr umstritten, da einige von ihnen eine Ausdehnung der Aktivitäten des Dombau-Vereins auf die Umgebung des Domes für nicht mit der Vereinssatzung vereinbar hielten. Vor allem die Frage, wie die Finanzmittel für die geplante Freilegung beschafft werden sollten, hatte in der Vergangenheit zu leidenschaftlichen Diskussionen geführt. Man befürchtete, dass die eigentliche Aufgabe des Dombau-Vereins, die Fertigstellung des Domes, beeinträchtigt und die dafür vorgesehenen Geldmittel zweckentfremdet werden könnten. Dabei darf nicht vergessen werden, dass das Hauptanliegen des Vereins, die Vollendung des Domes, zu diesem Zeitpunkt noch nicht erreicht war. Der Vorsitzende Oswald Schmitz legte Wert auf die Feststellung, dass zur Frage des Vorgehens bei der Domfreilegung und insbesondere zu deren Finanzierung noch keinerlei konkrete Pläne vorlägen. Er betonte, dass der Verwaltungsausschuss nicht beabsichtigte, dazu Gelder dem für den Ausbau des Domes bestimmten Fonds zu entnehmen. Daraufhin wurde der Antrag auf Bildung einer Kommission zur Klärung der aufgetretenen Fragen angenommen. In der Sitzung vom 30. Oktober 1879 wählte man die Kommission zur Freilegung des Domes durch Akklamation. Die Mitglieder waren neben dem Präsidenten des Vereins Oswald Schmitz und dem Dombaumeister Richard Voigtel die Vereinsmitglieder Hospelt, Schilling und Michels.[29]

Die Frage der Finanzierung des Projektes konnte bald geklärt werden. Am 14. Juni 1882 genehmigte die preußische Regierung zwei weitere Dombaulotterien, die 1882 und 1883 abgehalten werden sollten, und deren Erlös ausschließlich zur Deckung der Kosten des Freilegungsprojektes bestimmt war.[30] In einem Schreiben vom 29. März 1883 konnte der Oberpräsident der Rheinprovinz Moritz von Bardeleben eine erste Summe in Höhe von 500.000 Mark aus dem Reinerlös der am 14. Juni 1882 genehmigten Lotterie für den *Fonds zur Erwerbung der zur Freilegung des Domes anzukaufenden Grundstücke, respective Gebäulichkeiten* anweisen.[31]

Nachdem die Finanzierung gesichert war, wurden die Planungen für das weitere Vorgehen bei der Freilegung konkreter.[32] Zunächst wurde festgehalten, dass die Stadt Köln ihre volle Unterstützung bei der Umsetzung des Freilegungsprojekts zugesagt hatte. Diese Unterstützung bestand in der Niederlegung der alten Dom-Mädchenschule an Domkloster und Domhofgässchen, in der Übernahme der Regulierung und Pflasterung der durch den Abbruch der Häuser entstehenden Erweiterung der Plätze sowie in der Erteilung aller notwendigen Genehmigungen. Ausdrücklich ausgenommen wurde eine finanzielle Belastung der Stadtkasse durch das Freilegungsprojekt.

Für die Verhandlungen mit den Grundstückseigentümern waren drei Phasen vorgesehen. Zuerst sollte über die Grundstücke Domkloster 6 im Besitz von Joseph Seelig und die vier Grundstücke aus dem Besitz

28. DBA Köln, Bestand ZDV, Tit. XIIa, 1, S. 4.
29. Protokoll der Sitzung: Domblatt Nr. 318, 1879. – Vgl. auch DBA Köln, Bestand ZDV, Tit. XIIa, 1, S. 1–2.
30. [...] *dem Verwaltungs Ausschusse des Central-Dombau Vereins zu gestatten* [...], *auch in jedem der beiden Jahren 1882 und 1883 eine Dombaulotterie nach Maaßgabe des bisherigen Verloosungs-Planes, jedoch lediglich zur Erwerbung der zur Freilegung des Cölner Doms anzukaufenden Grundstücke respective Gebäulichkeiten zu veranstalten* [...]. DBA Köln, Bestand ZDV, Tit. XIIa, 1, S. 10.
31. DBA Köln, Bestand ZDV, Tit. XIIa, 1, S. 64.
32. Aktennotiz der Freilegungskommission des ZDV vom 12. Juli 1882. DBA Köln, Bestand ZDV, Tit. XIIa, 1, S. 7.

der Witwe von Peter Gustav Schaeben (Domhof 13, 13-, 15 und 17; *Abb. 20–21*) verhandelt werden. Gleichzeitig wollte man ein Gesuch an die Stadt Köln richten, den Abbruch der Dom-Mädchenschule zu veranlassen. Im zweiten Schritt war geplant, mit dem Domkapitel über das Domherrenhaus Domkloster 9 (Auf der Litsch), das von Weihbischof Johann Baudri bewohnt wurde, in Verhandlung zu treten (*Abb. 22*). Auch sollte eine Anfrage an die königliche Regierung gerichtet werden, ob, unter welchen Bedingungen und zu welchem Preis die früheren Domherrenhäuser Domkloster 5 und 7 mit ihrem Gartengelände bis zur Trankgasse hin erworben werden könnten.

Abb. 21
Dom von Südosten. Rechts neben dem alten Domhotel liegen die Häuser Domhof 13–17. Foto, Johann Heinrich Schönscheidt, 1880.

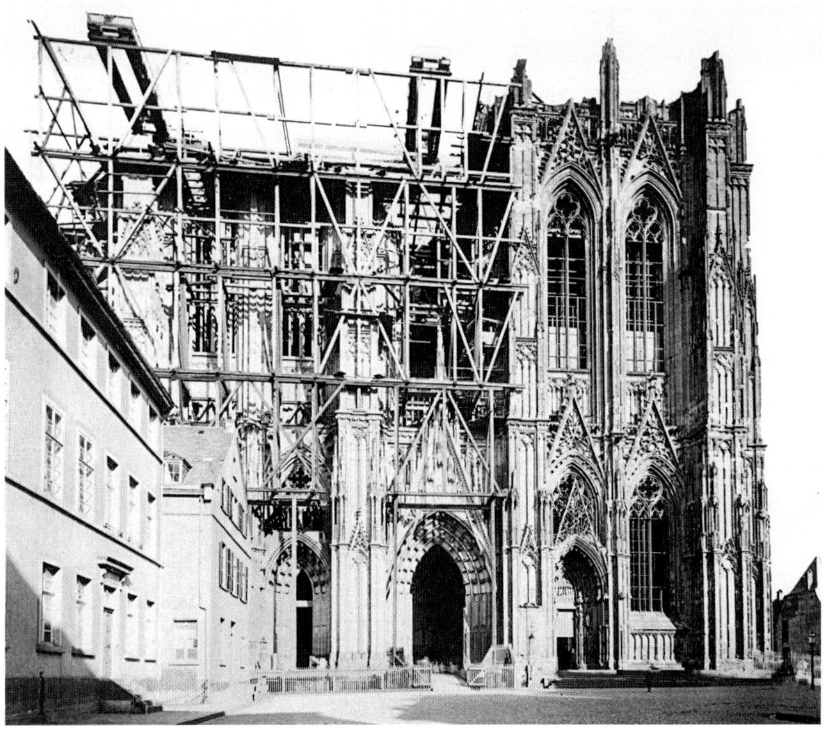

Abb. 22
Westseite des Domes mit den Domherrenhäusern Domkloster 7 (vorne links) und 9 (daneben). Foto, Theodor Creifelds, nach 1868.

In der letzten Phase war der Ankauf von drei weiteren, dem Domkapitel gehörenden Häusern geplant, von denen zwei am Domkloster und eines in der Straße Unter Fettenhennen lag. Diese Häuser waren als Läden und Wohnhäuser vermietet. Ferner war der Erwerb der Häuser Domkloster 3 aus dem Besitz von Josef Anton Neumann und Unter Fettenhennen 6 des Eigentümers Peter Roosen vorgesehen. Mit diesen Plänen verbunden war die Beseitigung des Tordurchgangs zwischen dem Domhof und der Straße Am Hof, der so genannten Hachtpforte.

Zur Freilegung des Domes war ein Abriss der eng an den Dom herantretenden Gebäude so weit vorgesehen, »daß der Baukomplex im Nordwesten des Domes in der gedachten Verlängerung der Westflucht des Schaeben-Hauses fluchtet, während die Nordflucht des Baukomplexes im Südwesten des Domes in linearer Fortsetzung der Domklostersüdwand zu liegen kommt.«[33]

Nach der Klärung der Finanzierung und des genaueren Vorgehens zur Freilegung des Domes gab es noch ein komplexes juristisches Problem zu lösen. In einer Versammlung der Kölner Stadtverordneten am 6. Juli 1882 wurden die strittigen Punkte diskutiert.[34] Die Statuten des Zentral-Dombau-Vereins besagen, der Verein sei für den Fortbau des Domes zuständig. Ob eine Beteiligung an der Freilegung des Gebäudes damit vereinbar sei, war unter den Mitgliedern des Vereins nach wie vor umstritten. Um dieses Problem zu lösen, schlug man in der Stadtverordnetenversammlung vor, dass die Stadt Köln juristisch als Käufer der Grundstücke auftreten sollte, was allerdings Bedenken bei einigen Mitgliedern verursachte, die befürchteten, dass man, falls der Erlös der Lotterien nicht ausreiche, für das Freilegungsprojekt städtische Mittel in Anspruch werde nehmen müssen. Daraufhin stellten die Vertreter des Dombau-Vereins klar, dass die Stadt Köln nur an dem Vorhaben beteiligt werden soll, da sie allein das Recht habe, notfalls Enteignungsverfahren für die betroffenen Grundstücke anzustrengen. Der Dombau-Verein sei dazu juristisch nicht berechtigt, auch wenn ihm laut der Anweisung der preußischen Regierung vom 27. Juni 1882[35] die Durchführung der Freilegung übergeben worden war. Auch über Fragen der Veränderung von Baufluchtlinien hatte nur die Stadt zu entscheiden.

Die Sitzung endete mit der Feststellung, dass allein die Stadt das Recht habe, Grundstücke zu erwerben und dieses Recht auch nicht aus der Hand geben wolle. Zunächst sollten aber erst einmal die Angebote der Besitzer der betroffenen Grundstücke gehört werden. Es wurde beschlossen, drei Stadtverordnete zu wählen, die gemeinsam mit Mitgliedern des Zentral-Dombau-Vereins eine Kommission zur Beratung über die Freilegung des Domes bilden sollten.

Ein Schreiben des Oberpräsidenten der Rheinprovinz vom 17. August 1882 regelte im Einzelnen die Modalitäten zu den Verhandlungen über den Ankauf der benötigten Grundstücke und die entsprechenden Zuständigkeiten. Demnach sollte der Zentral-Dombau-Verein die Verhandlungen mit den Grundstückseigentümern über den Verkauf führen. Nach Abschluss der Verhandlungen sollte der *formelle, notarielle Abschluß des Kaufes* durch den Oberbürgermeister im Namen der Stadt Köln getätigt werden und das freigelegte Terrain in den Besitz der Stadt Köln übergehen. Im gleichen Schreiben wurde die geplante Reihenfolge der Grundstückskäufe und Niederlegungen der Häuser mit der Finanzierung aus den zuvor genehmigten Dombaulotterien als zweckdienlich genehmigt.[36]

In den späteren notariellen Kaufverträgen erscheint daher aus den oben erwähnten juristischen Gründen immer der notarielle Zusatz, dass die Grundstücke durch die Stadt Köln, aber mit Geldern des Zentral-

33. Breuer [Anm. 20], S. 110. – Vgl. auch DBA Köln, Bestand ZDV, Tit. XIIa, 1, S. 5 und 7.
34. DBA Köln, Bestand ZDV, Tit. XIIa, 1, S. 25–26.
35. DBA Köln, Bestand ZDV, Tit. XIIa, 1, S. 10.
36. DBA Köln, Bestand ZDV, Tit. XIIa, 1, S. 28.
37. Für den genauen Wortlaut dieser Zusätze vgl. u. a. DBA Köln, Bestand ZDV, Tit. XIIa, 1, o. S. und DBA Köln, Bestand ZDV, Tit. XIIa, 2, o. S. Ausführliche Zitate siehe S. 92 und 97.
38. DBA Köln, Bestand ZDV, Tit. XIIa, 1, o. S. – Breuer [Anm. 20], S. 110. – Vier Jahre später, am 26. Mai 1886, war die Situation der Dom-Mädchenschule noch unverändert. DBA Köln, Bestand ZDV, Tit. XIIa, 2 o. S.

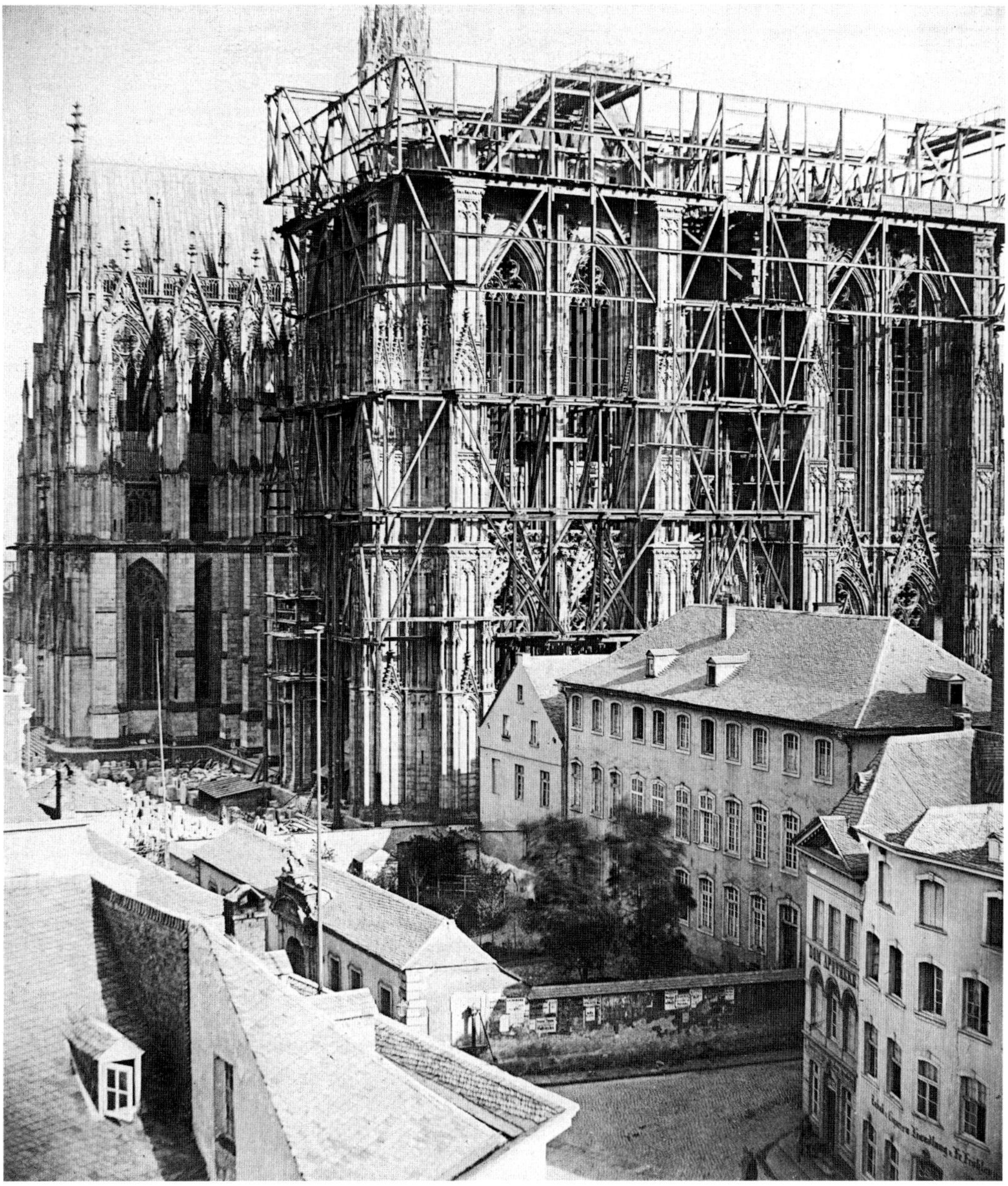

Abb. 23
Domherrenhäuser Domkloster 5, 7 und 9 mit Hof und Remisengebäude zur Trankgasse hin. Im Hintergrund die Westfassade des unvollendeten Domes. Foto, Theodor Creifelds, 1869.

Dombau-Vereins aus den für die Finanzierung der Freilegung veranstalteten Lotterien erworben wurden. Die Stadt Köln verpflichtete sich in den Zusätzen ausdrücklich, die auf diese Weise erworbenen Grundstücke ausschließlich für die Erweiterung der freien Fläche um den Dom zu verwenden und nach Abriss der Gebäude nicht wieder zu bebauen.[37]

In einer Sitzung vom 27. Juli 1882 beschloss die Stadtverordnetenversammlung, die ehemalige Dom-Mädchenschule südlich des Domhofgässchens nur dann unentgeltlich zum Abriss zur Verfügung zu stellen, wenn vorher die Niederlegung der Domkurien Domkloster 5, 7 und 9 (Abb. 23) sichergestellt wäre.[38]

Im Herbst 1882 begannen die Verhandlungen über die Domherrenhäuser am Domkloster. In einem Schreiben vom 25. September 1882[39] fragte der Zentral-Dombau-Verein offiziell beim Domkapitel an, unter welchen Bedingungen das Haus Domkloster 9 (Auf der Litsch) erworben werden könnte. Wegen der anderen beiden Häuser (Domkloster 5 und 7) habe man sich schon mit der preußischen Regierung, die das Eigentumsrecht daran für sich beanspruchte, geeinigt. Das Domkapitel antwortete auf diese Anfrage in knapper Form, die Häuser und Grundstücke nicht für die Freilegung zur Verfügung stellen zu können, da dort die Propstei und das Pastorat des Domes untergebracht seien. Man könne lediglich das Haus Domkloster 9 gegen ein geeignetes Tauschgrundstück abgeben.[40]

Über einen Ersatz für die von der Freilegung betroffenen Domkurien konnte zwischen dem Domkapitel, der Stadt Köln und dem Zentral-Dombau-Verein lange keine Einigung erzielt werden. Einzelheiten der Eigentumsverhältnisse, insbesondere bei den Häusern Domkloster 5 und 7, waren juristisch noch nicht völlig geklärt, da während des Kulturkampfes der preußische Staat diese Domherrenhäuser enteignet hatte. Über das Besitzrecht an den Häusern und Grundstücken gab es langwierige gerichtliche Auseinandersetzungen.[41] Aus historischen Gründen war das Eigentumsrecht an den Domherrenhäusern ein heikles Thema, bei dem das Domkapitel hoch sensibel reagierte. Bereits unter der Herrschaft der Franzosen und erneut während des Kulturkampfes waren Grundstücke und Häuser aus dem Besitz der Hohen Domkirche durch den Staat enteignet worden. Diese Vorgänge im Detail zu schildern würde an dieser Stelle zu weit führen, aber es erklärt, warum das Domkapitel auf die Aussicht, weitere, sich in seiner Nutzung befindliche Häuser und Grundstücke abzugeben und gegen weniger günstig gelegene Grundstücke einzutauschen, verständlicherweise unwillig reagierte. Hinzu kam, dass bereits durch den Vertrag von 1863 Amtssitze wie Dompastorat und Domdechanei verlegt werden mussten.

Ein Schreiben der königlichen Regierungsabteilung des Inneren vom 16. September 1882 reklamiert das Recht an den Domherrenhäusern Domkloster 5 und 7 für den Staat. Dennoch erscheint es dem zuständigen Minister *angemessen, daß bei dieser Angelegenheit in vollem Einverständnis mit dem Domkapitel vorgegangen wird.*[42]

In einem Brief vom 9. Oktober 1882 an den Verwaltungsausschuss des Zentral-Dombau-Vereins schilderte Weihbischof Johann Baudri die Haltung des Domkapitels zu dieser Frage. Außerdem äußerte er einige grundsätzliche städtebauliche Bedenken: Wir [das Domkapitel] *würden es eher für eine Schädigung der Domumgebung halten, wenn die annähernd jetzt schon vorhandene durch Niederlegung der Curia Litsch No 9 aber noch vollkommener herzustellende Symmetrie, welche vor dem Westportale durch die beiderseits den Vorplatz einschließenden, den Dom selbst mächtig erhebenden Häusergruppen sich bildet, gestört, und statt derselben ein unsymmetrisch an den Dom anschließender weiter Platz geschaffen würde, über welchen die Besichtigung allerdings in etwa erleichtert, dem Kirchgänger dagegen, wie ein Jeder die Stelle kennt, von einer unüberwindlich gesteigerten Wind- und Wetterströmung der Weg verlegt wäre. Außerdem aber ist die überlieferte Angemessenheit der Lage, daß die beiden in bemerkenswerth notabelen Formen errichteten Curien, darunter die des Vorstandes des Domes, vor dem Hauptportale sich befinden, ohne Noth um so weniger aufzugeben, da der Regel nach das höhere Alter der Stelleninhaber diese Nähe zum Kirchgange unentbehrlich macht, zumal auf dem Domkloster diese beiden geistlichen Dienstwohnungen aus der Vergangenheit die einzigen noch sind, die nicht nach der französischen Invasion dem Privaterwerb verfielen.*[43]

39. *Nachdem Seine Majestät unser Allergnädigster Kaiser und König [...], geruht haben, mittelst Allerhöchster Cabinetorder vom 14. Juni des Jahres dem unterzeichneten Verwaltungs-Ausschusse die Veranstaltung je einer Dombaulotterie zur Erwerbung der zur Freilegung des Cölner Domes anzukaufenden Grundstücke in den Jahren 1882 und 1883 huldreichst zu gestatten, haben wir die Verpflichtung, zur Ausführung dieser Allerhöchsten Order die nöthigen Schritte zu thun, um die in die Freilegung des Domes fallenden Grundstücke zu erwerben und der Stadt Cöln zu überweisen, damit der Herr Oberbürgermeister die betreffenden Verträge im Namen der Stadt abschließen möge. Zu jenen Grundstücken und Gebäulichkeiten gehört auch das Haus Domkloster No 9, welches Eigentum des Hochwürdigen Metropolitan Domkapitels ist. Wir erlauben uns deshalb an das Hochwürdige Domkapitel das ergebenste Gesuch zu richten, uns gütigst sobald wie thunlich mittheilen lassen zu wollen, ob und unter welchen Bedingungen uns das Eigenthum an jenem Hause, behufs Freilegung, übertragen werden könnte. Bei dem überaus großen Interesse, welches das Hochwürdige Domkapitel an der Freilegung des Domes haben dürfte, zweifeln wir nicht, daß Hochdasselbe ein Opfer für die schöne Sache zu bringen bereit ist. Hinsichtlich der Domkurien Domkloster No 5 und 7 haben wir uns mit der Königlichen Regierung in's Einvernehmen gesetzt [...]. Wir bitten gleichzeitig, uns auch darüber Auskunft geben lassen zu wollen, ob das Hochwürdige Domkapitel auf einen in dem Schreiben angedeuteten Austausch ein zugehen bereit ist* [...]. Kopie eines Schreibens des ZDV an das Domkapitel: DBA Köln, Bestand ZDV, Tit. XIIa, 2, S. 161.

Das Domkapitel erklärte sich erneut dazu bereit, das Domherrenhaus Domkloster 9 gegen ein geeignetes Ersatzgrundstück einzutauschen und für die Domfreilegung, insbesondere im Bereich der in diesem Zusammenhang neu geplanten Treppe zum Westportal, zur Verfügung zu stellen.

Der preußische Minister für geistliche Angelegenheiten Gustav von Goßler ordnete am 16. September 1882 an, dass die Häuser Domkloster 5 und 7 nur dann für die Domfreilegung zum Abriss zur Verfügung gestellt werden sollten, wenn ein Ersatz für die Dienstwohnungen des Domkapitels durch Eintausch mit anderen geeigneten Gebäuden, die auf noch zu erwerbenden Tauschgrundstücken entstehen sollten, beschafft worden wäre.[44] Die Verhandlungen über die Abtretung des durch Weihbischof Baudri bewohnten Domherrenhauses Domkloster 9 sollten bereits zuvor eigenständig sondiert werden.[45]

Die Auswahl und Beschaffung der Ersatzgrundstücke für die Domherrenhäuser erwies sich als sehr kompliziert. Am 28. August 1883 wurde als erstes Ersatzgrundstück aus den Mitteln für die Domfreilegung das so genannte Tillmes'sche Haus, Domkloster 4, angekauft.[46] Außerdem sollte das Domkapitel eine noch zu verhandelnde Entschädigungssumme erhalten, um damit die drei Domkurien auf den Grundstücken Burgmauer 9 und 11 sowie Rechtsschule 2 und 4, die teilweise baufällig waren, abzureißen und durch fünf repräsentative Neubauten zu ersetzen.[47] Der Vorschlag wurde vom Domkapitel nicht angenommen, da das Tillmes'sche Haus für den vorgesehenen Zweck nicht geeignet sei.[48] Auch seien die genannten Grundstücke nicht groß genug, um von Anzahl und benötigter Größe ausreichende Ersatzbauten errichten zu können. Es würde außerdem eine Verkleinerung der Grundflächen der Domherrenhäuser um ein Drittel bedeuten.[49]

Am 16. Oktober 1883 genehmigte der Oberpräsident der Rheinprovinz direkte Verhandlungen zwischen dem Zentral-Dombau-Verein und dem Domkapitel über einen Grundstückstausch für die Domherrenhäuser.[50] Einen Monat später, am 27. November 1883, waren die Verhandlungen festgefahren, da man immer noch keine geeigneten Ersatzgrundstücke gefunden hatte.[51] Die Stadt schlug nun ein Enteignungsverfahren für die Grundstücke Domkloster 5, 7 und 9 vor und wurde darin von den verantwortlichen Regierungsstellen unterstützt.[52] Erst 1885 nahm das Domkapitel mit einem Gegenvorschlag die Verhandlungen wieder auf.

In einem Schreiben vom 7. April 1885 machte das Domkapitel einen Vorschlag für ein Tauschgrundstück: *Wohl ist, wie stets von Neuem hat anerkannt werden müssen, ein nach Lage und Beschaffenheit für den Zweck völlig gleichwerthiges Grundstück sicherlich nicht zu finden, und haben wir auf das gefällige Ersuchen der Königlichen Regierung bei sorgfältigster Umschau bei einem einzigen als einigermaßen annähernd dem Erfordernisse entsprechend stehen bleiben müssen. Es ist dieses das der Wittwe von Groote-Schafhausen unter Fettenhennen zugehörige Gartengrundstück mit dem Hause Margarethenkloster 5, bis zu dem größeren Hintergebäude des Haupthauses circa 16.000 Quadratmeter messend.*

Vorgeschlagen wurde, das Haus Margarethenkloster 5 nach dem Erwerb gemeinsam mit dem baufälligen Domherrenhaus Rechtsschule 4 niederzulegen und durch die beiden aneinander grenzenden Gärten eine neue Straße anzulegen. Dann könnten an der Westseite des Grundstücks *sehr angemessen drei neue Häuser mit kleinen Gärten Platz finden, zwei für die oftgenannten Curien 5 und 7 und ein drittes zur Wiederherstellung der, wie gesagt niederzulegenden Curie 9. Die neue Straße würde zur Erleichterung der überfüllten Fettenhennenstraße sicherlich sehr willkommen sein.*[53]

40. DBA Köln, Bestand ZDV, Tit. XIIa, 1, S. 45.
41. Zur Auseinandersetzung um die Domherrenhäuser: AEK, MK 205 (Korrespondenz zur Rückgabe der Domherrenhäuser 1884–1893) sowie AEK, MK 210–211 (juristische Einschätzungen, Berichte und Gerichtsurteile in dieser Frage 1877–1881).
42. DBA Köln, Bestand ZDV, Tit. XIIa, 1, S. 34.
43. DBA Köln, Bestand ZDV, Tit. XIIa, 1, S. 43–44.
44. DBA Köln, Bestand ZDV, Tit. XIIa, 1, S. 34; verkürzt auch bei Breuer (Anm. 20), S. 11.
45. DBA Köln, Bestand ZDV, Tit. XIIa, 1, S. 35.
46. DBA Köln, Bestand ZDV, Tit. XIIa, 1, S. 79.
47. Vorschlag von Christian Boisserée vom 24. September 1883, der vom Verwaltungsausschuss übernommen wurde: DBA Köln, Bestand ZDV, Tit. XIIa, 1, S. 109. – Der Dombau-Verein bot daraufhin an, hierfür 260.000 Mark aus den für die Domfreilegung bestimmten Geldern zur Verfügung zu stellen. DBA Köln, Bestand ZDV, Tit. XIIa, 2, S. 198–200.
48. Das Haus wurde u. a. als baufällig beschrieben, was eine aufwändige Instandsetzung erforderlich machte. DBA Köln, Bestand ZDV, Tit. XIIa, 1, S. 91.
49. Brief des Innenministeriums an den Verwaltungsausschuss des ZDV vom 17. April 1885: DBA Köln, Bestand ZDV, Tit. XIIa, 2, S. 198–200.
50. DBA Köln, Bestand ZDV, Tit. XIIa, 1, S. 115.
51. DBA Köln, Bestand ZDV, Tit. XIIa, 1, S. 127.
52. DBA Köln, Bestand ZDV, Tit. XIIa, 2, S. 160.
53. Das Schreiben wird in dem Brief des Innenministeriums zitiert. Vgl. Anm. 49.

Man bot an, die Verhandlungen mit der Eigentümerin des Grundstücks Margarethenkloster 5, Auguste von Groote (geb. Schaaffhausen), zu beginnen. Für den Grundstückstausch wurden noch weitere Bedingungen gestellt: *Das durch die Nothlage aus aufgedrungene Einverständnis mit diesem Plane würden wir, von kleineren Detailfragen vor der Hand noch abgesehen, an die nachfolgenden Voraussetzungen knüpfen 1. daß der von der Königlichen Regierung nicht erwähnte Ersatz für die Curie 9 der früheren Anregung gemäß durch Ueberlassung des Tilmesschen Hauses gewährt wird; 2. daß für die Gesammteinrichtung, sowie für den Bauplan der drei neuen Häuser unsere Zustimmung erfordert wird; 3. daß die Rechtslage der Curien 5, 7 und 4 auf die drei neuen Häuser, die der Curie 9 auf das Tilmessche Haus übertragen wird, und 4. daß die Uebergabe der Curien 5, 7 und 9 Zug um Zug gegen die fertig gestellten drei neuen Häuser und das Tilmessche zu erfolgen hat. Da voraussichtlich die Entschädigung für die Curie 5 und 7 sammt besonderem Nutzungswerthe und der Pflicht zum Wiederaufbau größer sein wird als die Kosten der vorbeschriebenen neuen Einrichtung, so müssen wir uns rücksichtlich der Verwendung der Differenz unsere Ansprüche vorbehalten. Ueberhaupt dürfen wir auf keinen Theil voller Entschädigung verzichten. Wenn dazu, was nicht unmöglich ist, die Mittel der Collektencassa nach selbstverständlicher Vorrangnahme des für das Domgäßchen Erforderlichen nicht ausreichen sollten, so würde in letzter Stunde der Handel damit seine Endschaft finden, daß auf die Enteignung unserer Curie 5 und 7 verzichtet werden müßte.*[54]

In einem Brief vom 27. November 1885 an den Zentral-Dombau-Verein schilderte der Oberbürgermeister den Stand der Verhandlungen und das Fortschreiten der Enteignungsverfahren. Zur Schätzung der Grundstücke Domkloster 5, 7 und 9 wollte man einen Sachverständigen hinzuziehen. Gleichzeitig wurden Enteignungsverfahren für die Grundstücke Domkloster 6 der Erben Seelig und die Häuser Domhof 13, 13-, 15 und 17, im Besitz der Witwe Schaeben, geplant.[55]

Am 3. August 1888 erfolgte die königliche Genehmigung für die Abwicklung des Grundstückstauschs mit dem Domkapitel: [...] *will Ich genehmigen, daß die Kosten des behufs Ersatzleistung für die enteigneten Domkurien Domkloster No 5 und 7 zu Köln erfolgten Ankaufs eines Theils des von Groote'schen Grundstücks Margarethenkloster No 5 zu Köln und der zur Arrondierung dieses Terrains erforderlichen Parzellen, sowie die Kosten des Neubaues zweier Domkurien auf dem selben und der Herrichtung des darauf befindlichen miterworbenen Hauses zu einer Domherrenwohnung aus der Enteignungs-Entschädigung für die vorbezeichneten Grundstücke Domkloster No 5 und 7 bestritten werden. Marmor-Palais, den 3. August 1888 gez. Wilhelm Rex.*[56]

Im Herbst desselben Jahres waren die neuen Domherrenhäuser so weit fertig gestellt, dass die Bewohner der Vorgängerbauten einziehen konnten. Weihbischof Johann Baudri zog am 22. November 1888 aus seiner Wohnung Domkloster 9 in die neue Domkurie Burgmauer 11.[57]

Nach der Niederlegung der Domherrenhäuser[58] an der Westseite des Domes kam es 1894 durch Veränderungen des Straßenniveaus zu neuen Problemen, von denen vor allem das Haus der Gebrüder Schaeben (Domkloster 3), in dem sich ein Geschäft für Kölnischwasser und ähnliche Produkte befand, betroffen war. Im Jahr zuvor waren die Häuser Domkloster 5 und 7 abgerissen worden, und die Stadt Köln hatte zwischen der Trankgasse und dem Wallrafplatz in größerem Maße Boden abtragen lassen, um die starke Steigung der Gasse Auf der Litsch (Abb. 24) auszugleichen und *die Treppenanlage vor dem Westportale des Domes in würdiger Weise gestalten zu können.*[59] Das Resultat dieser Regulierung war eine deutliche Absenkung des Bürgersteigs.

In einem Schreiben an den Oberbürgermeister vom 16. Juli 1894 beschwerten sich die Gebrüder Otto und Robert Schaeben erneut über die Situation, die ihren Geschäftsbetrieb erheblich einschränkte: *Durch die im vorigen Jahre erfolgte Tieferlegung des Domklosters und die damit verbundene stellenweise bis zu 0,40 Meter betragende Senkung des Bürgersteigs vor unserem Hause Domkloster 3 ist eine erhebliche Werthminderung dieses Hauses eingetreten. Die Schaufenster, insbesondere das nördliche Schaufenster, welches sich in Folge der Senkung nunmehr*

54. Vgl. Anm. 49.
55. DBA Köln, Bestand ZDV, Tit. XIIa, 2, S. 236–237.
56. DBA Köln, Bestand ZDV, Tit. XIIa, 3, o. S.
57. DBA Köln, Bestand ZDV, Tit. XIIa, 3, o. S.
58. Beschreibung der betroffenen Gebäude Domkloster 5, 7 und 9 siehe S. 69–73.
59. Schreiben des Kölner Oberbürgermeisters an den Verwaltungsausschuss des Zentral-Dombau-Vereins vom 17. August 1894: DBA Köln, Bestand ZDV, Tit. XIIc, 1, o. S. – Die Neugestaltung der Treppen vor dem Westportal sollte im Zusammenhang mit den Plänen zur Freilegung des Domes nach Westen hin erfolgen.
60. DBA Köln, Bestand ZDV, Tit. XIIc, 1, o. S.

Abb. 24
Dom von Nordwesten mit Gasse Auf der Litsch, um 1820. Bleistiftzeichnung, Joseph Schiffer, Kölnisches Stadtmuseum, Graphische Sammlung.

0,40 Meter über dem Bürgersteig befindet, und ebenso die beiden folgenden von der Nordgrenze ab gelegenen Schaufenster liegen jetzt so hoch, daß dieselben nicht mehr als Schaufenster dienen können und der Laden als solcher nicht mehr zu vermiethen ist.

Der Fußboden des Erdgeschosses, welcher vor der Tieferlegung des Platzes in gleicher Höhe mit dem Bürgersteig lag, ist jetzt bedeutend höher als der letztere und sind in Folge dessen vor der einen zum Laden führenden Thüre ***eine*** *Stufe sowie vor der anderen Thüre* ***zwei*** *Stufen angebracht worden. Außerdem sind die Stufen nicht wagerecht, sondern wegen der Größe des Höhenunterschiedes steigend verlegt. Der Zutritt zu den dahinter gelegenen Geschäftsräumen des Hauses und ebenso der Ausgang ist dadurch wesentlich erschwert, sodaß die Käufer beim Hinausgehen nothwendigerweise stürzen müssen. Erst kürzlich ist ein Herr beim Hinausgehen nur dadurch vom Sturze bewahrt geblieben, daß derselbe sich an dem schweren Hausdrücker festhielt und letzteren abbrach. Auch ist in Folge der Senkung die Benutzung der mittleren Thüre zum Hereinschaffen von Fässern etc. fast unmöglich geworden. Ein in unserem Auftrage der Stadt Köln am 28. October 1893 durch Gerichtsvollzieher Lies zugestellter Einspruch ist erfolglos gewesen.*[60]

Abb. 25
Domkloster 3, das »Schaeben'sche Haus« von 1861. Lithographie, 1892, Kölnisches Stadtmuseum, Graphische Sammlung.

Abb. 26
Freigelegte Fläche im Westen des Domes mit dem Haus Domkloster 3 (links). Foto, um 1900.

Zur Lösung des Problems schlug die Baukommission der Stadt Köln einen Vergleich vor, dessen wichtigster Punkt eine Verlagerung der Front des Hauses Domkloster 3 (Abb. 25–26) auf die Nordseite war, die durch den Abriss der von der Domfreilegung betroffenen Gebäude, Domkloster 3a, 6 und 8 ermöglicht wurde.[61] Einen Monat später, am 25. September 1894, wurde dieser Vorschlag ergänzt:

Hinsichtlich des Wunsches, daß der Facadenentwurf auch dem Verwaltungsausschusse zur Genehmigung vorgelegt werde, wurde von der Kommission Bedenken erhoben, daß die Genehmigung des Entwurfs durch zwei Kollegien möglicherweise bei abweichenden Ansichten zu erheblichen Schwierigkeiten und Zeitverlust Anlaß geben könne. Es wurde dennoch vorgeschlagen, in dem Schlußsatz des Antrages vom 13. vorigen Monats vor ›die Zustimmung der Stadtverordneten-Versammlung‹ die Worte ›nach Anhörung des Verwaltungsausschusses des Central-Dombau-Vereins‹ einzuschalten. Ich ersuche um gefällige Zustimmung zu diesem Vorschlage. Eine Bürgschaft den Gebrüdern Schaeben gegenüber bezüglich des Zeitpunktes, zu welchem die Nordseite deren Besitzung freigelegt wird, kann unter keinen Umständen in Rücksicht sowohl auf die verfügbaren Mittel zur Freilegung des Domes an dessen Westseite, als auch auf die unberechenbare Dauer des Enteignungsverfahrens übernommen werden.[62]

Einen endgültigen Abschluss fand die Diskussion um Entschädigung erst durch einen gerichtlichen Vergleich, der am 16. November 1906 vor dem elften Zivilsenat des königlichen Oberlandesgerichts zwischen den Gebrüdern Schaeben und der Stadt Köln geschlossen wurde.

Vergleich:

1. *Die Stadt Cöln bewilligt den Beklagten das Frontrecht an der Nordseite des Hauses Domkloster 3 in Cöln zum alleinigen Eigentum.*
2. *Diejenige Grundfläche, die nach der festgestellten neuen Fluchtlinie in Größe von etwa 4 qm zum Grundstücke Schaeben fällt, wird von der Stadt Cöln unentgeltlich an die Beklagten abgetreten.*
3. *Die Straßenbaukosten sind von den Beklagten nicht zu zahlen.*
4. *Die Beklagten werden die neue Fassade in Styl und Ausführung dem gothischen Bau entsprechend errichten und haben bei der künstlerischen Ausstattung dieser Fassade den Wünschen der Stadt Cöln Rechnung zu tragen, wie es bereits mündlich unter den Parteien bezw. von dem Königlichen Baurat Schellen mit der Klägerin besprochen worden ist.*
5. *Klägerin wird ihrerseits keinen Widerspruch erheben gegen den von Beklagten bei der Baupolizei gestellten Antrag, den jetzt als Lichthof dienenden Teil des Grundstücks zur Anlage eines Treppenhauses und Personenaufzugs benutzen zu dürfen. Beklagte erklären, daß sie ihre Zustimmung zu dem Vergleiche von der Genehmigung des vorerwähnten baupolizeilichen Gesuchs abhängig machen.*
6. *Für Erker- und Balkonanlagen, die zur Ausführung kommen, sind die üblichen Abgaben zu entrichten.*
7. *Die Beklagten verzichten auf sämtliche Ansprüche, die zur Zeit im Prozesse gegen die Klägerin geltend gemacht sind. Sie ziehen die Berufung gegen das Zwischenurteil der 5. Zivilkammer des Königlichen Landgerichts in Cöln vom 27. März 1901 zurück. Ebenso erledigen sich durch diesen Vergleich alle Ansprüche der Klägerin gegen die Beklagten.*
8. *Die Kosten sämtlicher bisher anhängiger Prozesse werden in der Weise verteilt, daß jede Partei die ihr in diesen Prozessen entstandenen außergerichtlichen Kosten selbst und die gerichtlichen Kosten je zur Hälfte trägt.*
9. *Die Genehmigung der Stadtverordneten-Versammlung zu diesem Vergleiche wird vorbehalten.*[63]

61. *Nach Einsicht der Eingabe der Gebrüder Schaeben und des Gutachtens der Verwaltung spricht sich die Kommission dafür aus, daß vorbehaltlich der Zustimmung des Vorstandes des Central Dombauvereins und der Stadtverordnetenversammlung den Gebrüder Schaeben das Frontrecht an der Nordseite der Besitzung Domkloster No 3 gegen bloße Zahlung der Pflaster- und Trottoirkosten auf 13 Meter Straßenbreite, jedoch ohne Anspruch auf Ersatz von Grunderwerbskosten unter der Bedingung bewilligt werde, daß die Baufluchtlinie an der genannten Nordseite ohne Kosten für die Stadt [!] grade gelegt wird, daß die Gebrüder Schaeben auf alle Schadenersatzansprüche infolge der Regulierung beziehungsweise Tieferlegung des Domklosters verzichten und daß der Bauplan über die in Haustein auszuführende Ausbildung der Nordfront der Besitzung Domkloster No 3 die Zustimmung der Stadtverordneten-Versammlung findet.* 17. August 1894. DBA Köln, Bestand ZDV, Tit. XIIc, 1, o. S.

62. DBA Köln, Bestand ZDV, Tit. XIIc, 1, o. S.

63. DBA Köln, Bestand ZDV, Tit. XIIc, 2, o. S.

Nicht nur der schwierige Verhandlungsprozess beim Erwerb der Domkurien verzögerte das Fortschreiten der Freilegung. Es gab auch Probleme mit den privaten Eigentümern der anderen betroffenen Grundstücke. Die geforderten Entschädigungssummen waren sehr hoch und in einem Fall, dem Grundstück Domkloster 6 aus dem Eigentum der Erben Seelig, musste sich mit einer Erbengemeinschaft von acht Personen, von denen fünf nicht in Köln lebten, auseinandergesetzt werden.[64] Ende 1885 wurde der Zwangsverkauf für das Grundstück Domkloster 6 in die Wege geleitet.[65] Der Kaufvertrag zwischen der Erbengemeinschaft Seelig und der Stadt Köln datiert vom 23. März 1886.[66]

Die Stadtgemeinde Cöln erwirbt den besagten Terrain Abschnitt nach den festgesetzten Baufluchtlinien zum Zwecke der Straßenerbreiterung und wird das Grundstück nach Niederlegung der aufstehenden Gebäude als freien Platz liegen lassen. Die Ueberlieferung gilt als geschehen und wird die Niederlegung der jetzt aufstehenden Gebäulichkeiten baldthunlichst bewerkstelligt werden und zwar letzteres bis längstens zum ersten Mai laufenden Jahres.

[...] *Der anwesende Vertreter der Stadtgemeinde Cöln ließ sodann zur Klarstellung des Sachverhaltes auf Ersuchen des Vorstandes des Central Dombau Vereins zu Cöln für dessen Rechnung die Erwerbungen zur Freilegung des Cölner Domes erfolgen noch nachstehendes beurkunden – Durch Allerhöchste Cabinetsordre vom vierzehnten Juni achtzehnhundert zweiundachtzig sei dem Verwaltungsausschusse des Central Dombau Vereins zu Cöln gestattet worden, auch in den Jahren achtzehnhundert zweiundachtzig und achtzehnhundert dreiundachtzig eine Dombau Prämien Collecta nach Maßgabe des bisherigen Verlosungsplanes jedoch lediglich zur Erwerbung der zur Freilegung des Cölner Domes anzukaufenden Grundstücke respective Gebäulichkeiten zu veranstalten.*

An diese Genehmigung sei die Bedingung geknüpft, daß das durch den Abbruch der Häuser freizulegende Terrain der Stadt Cöln unter der Verpflichtung zu überweisen sei dasselbe zur Erweiterung des den Dom umgebenden freien Platzes zu verwenden sowie daß die Verträge über den Ankauf der Grundstücke Namens der Stadt Cöln von dem Oberbürgermeister abgeschlossen würden.

Das oben angeführte jetzt gekaufte Theilgrundstück [der Erben Seelig] *gehöre zu denjenigen deren Grundfläche zur Freilegung des Domes verwendet werden solle und sei von der Stadt Cöln für Rechnung des genannten Verwaltungs Ausschusses respective Vorstandes des Central Dombauvereins dahier erworben und mit Geldern des genannten Vereins bezahlt worden.*[67]

Am 13. Juli 1886 wurde die Entschädigung für die Grundstücke Domhof 13, 13-, 15 und 17 aus dem Eigentum von Catharina Schaeben, der Witwe des Kölnischwasser-Fabrikanten Gustav Peter Schaeben, festgelegt.[68] Anfang des Jahres 1887, nach dem Ablauf der bestehenden Mietverträge, konnte mit der Niederlegung der Gebäude Domhof 13 bis 17 begonnen werden, nachdem zuvor bereits das Haus Domkloster 6 abgerissen worden war.[69]

Am 22. März 1892 wurde der rechtliche Status auch der Grundstücke Am Hof 7, 9, 11, 13, 15 und 17 festgeschrieben: *Nachdem die Stadt Köln seiner Zeit für den Central-Dombau-Verein die Grundstücke nebst aufstehenden Gebäulichkeiten Am Hof No 7, 9 bis 13, 15 und 17 angekauft hat und die Kaufpreise aus Mitteln des Dom-Freilegungsfonds bezahlt worden sind* [...] *und die Niederlegung der aufstehenden Gebäude stattgefunden hat, übernimmt nach Maßgabe der Allerhöchsten Ordre vom 14. Juni 1882 der unterzeichnete Oberbürgermeister Namens der Stadt Köln hiermit die Verpflichtung, die Restflächen der genannten Grundstücke, welche im Kataster auf den Namen der Stadt Köln unter Parzellen Flur 30 No 349/45, 395/46, 47, 311/48 und 49 eingetragen sind, zur Erweiterung des den Dom umgebenden freien Platzes gemäß dem festgestellten Fluchtlinienplan zu verwenden.*[70]

In dieser ersten Freilegungsphase klärte man zunächst grundlegende Dinge wie die Finanzierung der Grundstücksankäufe und den juristischen Status von Zentral-Dombau-Verein und der Stadt Köln bei diesem Projekt. Auch musste ein Modus für die Verhandlungen mit den Eigentümern der betroffenen Grundstücke gefunden werden. Besonders schwierig gestalteten sich die Verhandlungen mit dem Domkapitel, aus deren Besitz ein großer Teil der für die Freilegung vorgesehenen Grundstücke stammte. Eine der Schwierigkeiten war die Suche nach einem geeigneten Ersatz für die wegfallenden Dienstwohnungen von Domkapitularen und anderen Angehörigen der Hohen Domkirche.

Das Ansinnen, Grundstücke aus dem Eigentum des Domkapitels für öffentliche Zwecke zu verwenden und notfalls auch auf dem Wege einer Zwangsenteignung anzukaufen, musste Erinnerungen an den nur wenige Jahre zurückliegenden Kulturkampf wecken, in dem der preußische Staat Domherrenhäuser (beispielsweise Domkloster 5 und 7) gegen starke Proteste des Domkapitels enteignet hatte. Es ist daher verständlich, dass es Bestrebungen gab, weitere Beschränkungen des Grundbesitzes der Domkirche zu verhindern, zumal die Prozesse um die Eigentumsrechte an einzelnen Domherrenhäusern zwischen dem preußischen Staat und dem Domkapitel in dieser Zeit noch nicht abgeschlossen waren.

In dieser ersten, der ›engeren Freilegung‹ des Domes wurden die Grundstücke Domkloster 5, 7 und 9[71] (aus dem Eigentum des Domkapitels), ein Teil des Grundstückes Domkloster 6 aus dem Besitz der Erbengemeinschaft Seelig sowie die Grundstücke Domhof 13, 13-, 15 und 17 der Eigentümerin Catharina Schaeben von der Stadt Köln auf Rechnung des Zentral-Dombau-Vereins erworben. Fernerhin stellte die Stadt Köln das Grundstück der ehemaligen Dom-Mädchenschule (Domkloster 8) für die Freilegung unentgeltlich zur Verfügung. In den Verträgen[72] verpflichtete sich die Stadt Köln, nach dem Abriss der Gebäude die Grundstücke nicht wieder zu bebauen.

64. DBA Köln, Bestand ZDV, Tit. XIIa, 1, S. 42.
65. DBA Köln, Bestand ZDV, Tit. XIIa, 2, o. S.
66. DBA Köln, Bestand ZDV, Tit. XIIa, 2, o. S. In Auszügen wird dieser Vertrag auf S. 92 zitiert.
67. DBA Köln, Bestand ZDV, Tit. XIIa, 2. – Der letzte Abschnitt befindet sich auch im notariellen Kaufvertrag zwischen der Stadt Köln und der Witwe Schaeben vom 29. Dezember 1886. DBA Köln, Bestand ZDV Tit. XIIa, 3, o. S.
68. DBA Köln, Bestand ZDV, Tit. XIIa, 2, o. S.
69. DBA Köln, Bestand ZDV, Tit. XIIa, 3, o. S.
70. DBA Köln, Bestand ZDV, Tit. XIIa, 3, o. S.
71. Beschreibung der Häuser Domkloster 5, 7 und 9 siehe S. 69–73.
72. Ein Teil der Verträge wird auf S. 91–97 auszugsweise zitiert.

Abb. 27
Das alte Domhotel.
Foto, um 1880.

Abb. 28
Das alte Domhotel.
Foto, nach März 1885.

Die ausgedehntere Freilegung des Domes (1885–1891)

Am 2. März 1885 stürzte infolge von statischen Problemen das Domhotel (Abb. 27; Tafel 2–3), das auf den Grundstücken Domhof 1, 5, 7, 9, 9-, und 11 (an der Westseite des Domhofes) lag, ein (Abb. 28). Die dadurch entstandene freie Sicht auf die Südseite des Domes regte den Stadtbaumeister Hermann Josef Stübben zu einem Entwurf für eine ausgedehntere Südfreilegung an, den er am 12. März 1885 publizierte[73] (Plan 2):

Die Grundstücke a b c d und e f g h werden gegenwärtig zur Freilegung des Domes enteignet. Inzwischen ist vor einigen Tagen das »Domhotel« eingestürzt. Wenn der Umbau des Domhotels auf dem Grundstücke des Kgl. Haupt-Steuer-Amtes erfolgen könnte, womit die Eigentümer des Domhotels, Erben Metz, einverstanden sind, so würde durch Niederlegung der alten Gebäude auf der Fläche e h i k l m n o eine solche Freilegung des Domes zu ermöglichen sein, dass die (architektonisch bedeutsamste) südliche Langseite einschliesslich der Westthürme und des Chores von der Strasse »Am Hof« mit einem Blick zu übersehen wären. (Siehe Punkt P in der Zeichnung)

Durch Herstellung eines Schmuckplatzes auf dem »Domhof« sowie durch Errichtung von Denkmälern in der Achse des Portals bei k (Denkmal der drei um den Dombau verdienten Könige Friedrich Wilhelm III., Friedrich Wilhelm IV. und Wilhelm), ferner bei M und bei N würde die Umgebung des Domes endlich dem Bauwerke würdig ausgebildet werden können.

Die zu diesem Zwecke freizulegende resp.
zu erwerbende Fläche e h i k l m n o p q r beträgt:
Grundstück des Haupt-Steuer-Amtes .... 1.340 qm
Die übrige Fläche.. 2.290 qm
Zusammen **.. 3.630 qm**
Die Erwerbungskosten dürften zu veranschlagen
sein auf Eine Million Mark.[74]

73. Vgl. auch Breuer [Anm. 20], S. 111 und Abb. 107.
74. DBA Köln, Bestand ZDV, Tit. XIIb, 1, S. 4–5: Schreiben des Stadtbaumeisters Stübben an den Vorsitzenden des ZDV Oswald Schmitz, mit einer Situationsskizze zur weiteren Freilegung des Kölner Domes.

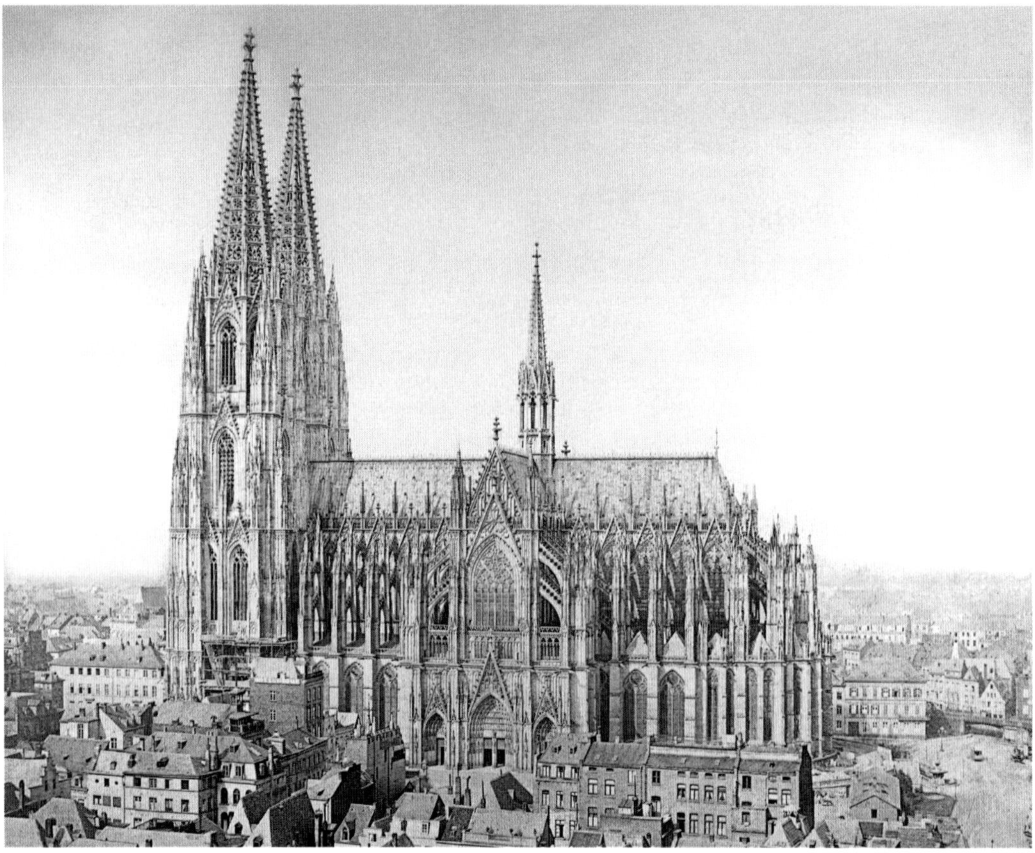

Abb. 29
Ansicht des Domes von Südosten. Foto, Anselm Schmitz, 1883.

Abb. 30
Gebäude Am Hof 9–13, 15 und 17 sowie Am Hof 2–3 mit Hachtpforte und altem Domhotel (Detail aus Abb. 29).

Abb. 31
Auf der Südseite des Domes ist links der Nachfolgebau des alten Domhotels zu sehen. – »Cöln, Der Dom«. Photolithographie, nach 1880, DBA Köln.

Der Plan sah vor, das Domhotel nicht wieder an seiner alten Stelle, sondern weiter westlich auf dem Grundstück der Provinzial Steuerdirektion, Am Hof 5, neu zu bauen. Dieses Gebäude schien wegen seines baulich schlechten Zustands verfügbar zu sein. Die östliche Fluchtlinie des neuen Hotelgebäudes war etwa in Verlängerung der Ostgrenze des Tillmes'schen Grundstückes, Domkloster 4, geplant. Alle östlich gelegenen Bauten sollten einer Erweiterung des Domhofes Platz machen. Für den Abriss vorgesehen waren außer dem Domhotel und der Steuerdirektion: die Häuser Domhof 2–3 und Am Hof 7–17 *(Abb. 29–30)*.[75]

Noch im März 1885 setzte sich der Oberbürgermeister mit den zuständigen Stellen in Berlin in Verbindung, um das Projekt vorzustellen und um eine Genehmigung einer weiteren Dombaulotterie zur Sammlung von Geldern zum Ankauf der für die Freilegung benötigten Grundstücke zu erwirken.[76] In einer Sitzung des Verwaltungsausschusses am 1. Mai 1885 beschloss man die Beantragung einer Genehmigung von vier Dombaulotterien für die Jahre 1885, 1886, 1887 und 1888.[77] Am 21. August 1885 wurden die neuen Lotterien von Berlin zu den gleichen Bedingungen wie die vorhergehenden genehmigt.[78]

Als die Erlaubnis zur Abhaltung der Lotterien in Köln eintraf, war jedoch bereits ein neuer Hotelbau am alten Standort im Aufbau, der am 27. Februar 1886 fertig gestellt wurde *(Abb. 31)*. Damit war vorerst die Realisierung dieses Planes verhindert. Erst gegen Ende des Jahres 1887 ließ der hohe Ertrag der Lotterien weitere Schritte für einen Ankauf des neuen Hotelgebäudes und eine Durchführung des Stübben-Planes zu.[79] Am 3. Mai 1888 erteilte die Stadt Köln den Erben Metz die Genehmigung für die Errichtung des neuen Domho-

75. Breuer [Anm. 20], S. 111–112.
76. DBA Köln, Bestand ZDV, Tit. XIIb, 1, S. 7 und 9.
77. DBA Köln, Bestand ZDV, Tit. XIIb, 1, S. 14.
78. DBA Köln, Bestand ZDV, Tit. XIIb, 2, o. S.
79. Breuer [Anm. 20], S. 114.

Abb. 32
Domhof mit Nachfolgebau des alten Domhotels im Vordergrund. Die Fassade des neuen Domhotels – halb verdeckt – im Hintergrund. Foto, um 1892.

Abb. 33
Domhof mit neuem Domhotel. Foto, um 1895.

Abb. 34
Ansicht des neuen Domhotels. Foto, um 1895. (Vorkriegs-Foto) s. heute!

tels auf den mit dem Zentral-Dombau-Verein eingetauschten Grundstücken (Abb. 32).[80] Im selben und im darauf folgenden Monat wurde der Entwurf für den Neubau kontrovers diskutiert. Vor allem die Errichtung einer Säulenhalle, die in den öffentlichen Raum hineinragen würde, war nicht allein wegen der Einhaltung der Baufluchtlinien sehr umstritten.[81]

Ende des Jahres 1888 waren die Verhandlungen mit den Erben Metz über eine Verlegung des Domhotels (Abb. 32–34) soweit abgeschlossen, dass konkrete Pläne für ein kombiniertes Geschäft aus Grundstückstausch und -kauf ausgearbeitet werden konnten. Aus den oben geschilderten juristischen Gründen werden dabei sowohl die Stadt Köln als auch der Zentral-Dombau-Verein als Verhandlungspartner der Erben Metz genannt. Wie in den anderen Verträgen tritt die Stadt Köln als Käufer oder Partei im Grundstückstausch auf, während der Zentral-Dombau-Verein die zweckgebundenen Mittel bzw. Tauschgrundstücke stellt.

Laut ausgehandeltem Vertrag übertragen die Erben Metz die Grundstücke Domhof 5, 7, 9, 9- und 11 sowie das *unter dem Hachtbogen gelegene* Haus Domhof 1 mit einer Gesamtfläche von 1.117,8 qm an die Stadt Köln (bzw. den Zentral-Dombau-Verein). Im Gegenzug überträgt die Stadt Köln (bzw. der Zentral-Dombau-Verein) den Erben Metz einen 1.020,4 qm großen Teil aus dem Grundstück Am Hof 5 (ohne Gebäude), Haus und Grundstück Domkloster 4 (Tillmes'sches Haus) und weitere 74 qm aus der freien Fläche östlich des letzteren Grundstückes. *Die Stadt Köln, bezw. der Verwaltungs-Ausschuß des Central-Dombau-Vereins erwirbt die sub I erwähnten Grundstücke und Gebäulichkeiten zum Zwecke der Straßenerbreiterung und wird den Grund und Boden nach Niederlegung der darauf befindlichen Gebäude, soweit nicht auf demselben der weiter unten erwähnte Säulengang zu stehen kommt, als freien Platz liegen lassen.*[82]

80. DBA Köln, Bestand ZDV, Tit. XIIb, 2, o. S.
81. 11. Mai 1888: Entwurf einer Stellungnahme des ZDV zu der geplanten Säulenhalle. – 23. Mai 1888: Schreiben mehrerer Kölner Architekten an den ZDV zum geplanten Neubau des Domhotels. Hierbei schien das Hauptproblem zu sein, dass mit den Bauarbeiten für das Hotel eine auswärtige Firma beauftragt werden sollte. – 5. Juni 1888: Schreiben und Stellungnahme der Erben Metz zu den Bauvorgaben für den geplanten Neubau, insbesondere zur Säulenhalle. – Vgl. zum Thema: DBA Köln, Bestand ZDV, Tit. XIIb, 2, o. S.
82. Entwurf des ZDV vom 27. Dezember 1888: DBA Köln, Bestand ZDV, Tit. XIIb, 2, o. S. Vollständiges Zitat siehe S. 94–97.

Abb. 35
Gebäude Domhof 2–3 mit Hachtpforte als Durchgang zur Straße Am Hof. Foto, vor 1893.

Abb. 36
Häuser Am Hof 17 (links) und Domhof 2–3 (rechts) mit Hachtpforte. Im Hintergrund die Südseite des Domes. Foto, um 1890.

Abb. 37
Abbruch der Häuser Am Hof 15 und 17. Foto, um 1893.

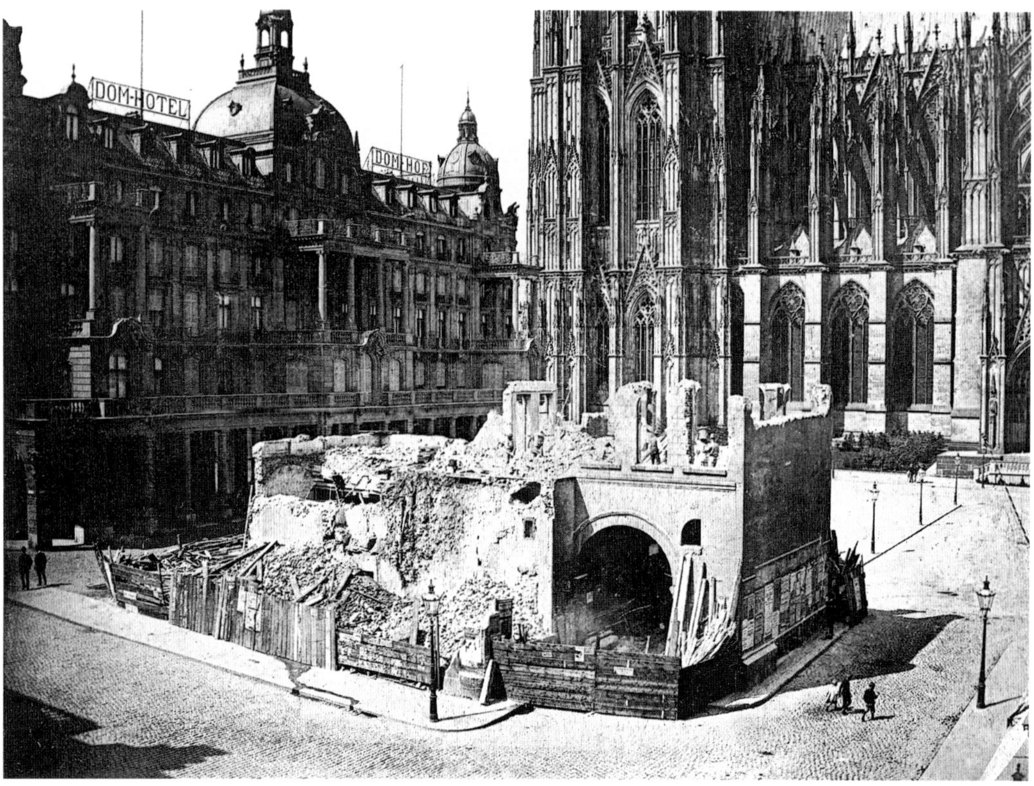

Abb. 38
Abbruch der Hachtpforte. Foto, um 1893.

Am 25. Dezember 1887 machte das preußische Haupt-Steuer-Amt für inländische Gegenstände den Vorschlag, das Grundstück der Provinzial Steuerdirektion, Am Hof 5, dem Zentral-Dombau-Verein im Tausch gegen ein anderes geeignetes Grundstück für das Freilegungsprojekt zu überlassen.[83] Am 21. März 1888 wurde das Grundstück an die Stadt Köln verkauft. Die Übergabe durch einen Vertreter der preußischen Behörde an einen Vertreter der Stadt Köln, im Beisein des Präsidenten des Zentral-Dombau-Vereins, fand am 5. September 1888 statt.[84]

Vor dem Abschluss der Kaufverträge stellte der Oberbürgermeister in einem Schreiben an den Präsidenten des Zentral-Dombau-Vereins vom 6. September 1887 fest: *Auch ist diesseits nichts dagegen zu erinnern, daß in den Verträgen festgesetzt werde, daß alle Rechte, welche formell der Stadt und den Kaufakten materiell aber dem Verwaltungsausschusse zustehen, z. B. Kündigung des Miethverhältnisses u.s.w. von der Stadt Köln geltend gemacht werden müssen, sobald der Verwaltungsausschuß solches verlangt.*[85]

Am 16. August 1887 wurde das Grundstück mit den Häusern Am Hof 9, 11 und 13 von dem Strohhutfabrikanten Louis Lefrère für 131.000 Mark erworben.[86] Am 1. November 1887 folgte der Erwerb des Hauses Am Hof 7 aus dem Eigentum des Barbiers und Friseurs Wilhelm Völkenrath für 96.000 Mark.[87] Noch im selben Monat, am 8. November 1887, wurde das Grundstück Am Hof 17 von der Witwe Elisabeth Borchart für 66.000 Mark erworben (Abb. 36).[88] Als letztes Grundstück wurde am selben Tag Am Hof 15 vom Bäkkermeister Friedrich Mostert für 108.000 Mark gekauft.[89]

Am 27. Dezember 1888 genehmigte die Stadtverordnetenversammlung die Änderungen der Baufluchtlinien zwischen Domhof, Am Hof, Wallrafplatz und Domkloster, die sich durch dieses Freilegungsprojekt ergeben hatten (Tafel 8; Plan 2), sowie die geplante Fassade des neuen Domhotels und den umstrittenen Säulengang. Auch wurde der Vorschlag des Zentral-Dombau-Vereins zu einem Vertrag mit den Erben Metz genehmigt.[90]

Größere Schwierigkeiten gab es beim Erwerb des Grundstücks und Gebäudes Domhof 2–3 mit der so genannten Hacht, in dem sich ein Gasthof im Besitz des Kaufmanns Johann Baptist Greven befand (Abb. 35–38).[91] Erst kurze Zeit zuvor war das Haus aufwändig renoviert und umgebaut worden, wie aus einem Gutachten, das für das Enteignungsverfahren erstellt wurde, hervorgeht.[92] Die Schätzung wurde erschwert durch die unregelmäßige Form des Grundstücks und die verwinkelte Struktur des Hauses.[93] Das gesamte Verfahren zog sich noch zwei weitere Jahre hin.[94]

Am 14. September 1898 waren auch die Verfahren für die Grundstücke der zweiten Freilegungsphase abgeschlossen. Dabei wurde ihr neuer rechtlicher Status wie folgt festgeschrieben: *Nachdem die Stadt Köln für den Central-Dombau-Verein* [d. h. im Namen bzw. auf Rechnung des ZDV] *die Grundstücke nebst aufstehenden Gebäulichkeiten am Hof No 3 und 5, Domhof No 1, 2-, 3, 5 bis 11 und neben No 11 früher zum Grundstück No 13 gehörig – erworben hat, bezw. durch Enteignungsbeschluß in den Besitz derselben eingewiesen ist, und die Kaufpreise aus Mitteln des Domfreilegungsfonds bezahlt, bezw. bei der hiesigen Königlichen Regierungs-Hauptkasse hinterlegt worden sind, nachdem ferner ein Theil dieser Grundstücke in den Besitz der Erben Metz übergegangen ist und die Niederlegung der aufstehenden Gebäude stattgefunden hat, übernimmt nach Maßgabe der Allerhöchsten Ordre vom 14. Juni 1882 der unterzeichnete Oberbürgermeister Namens der Stadt Köln hiermit die Verpflichtung, die Restfläche der genannten Grundstücke, welche im Kataster auf den Namen der Stadt Köln unter Parzellen Flur 30 No 390/44, 392/45, 30, 69, 332/31, 351/32, 352/33, 353/33, 358/33, 355/35 und 370/36 eingetragen sind, zur Erweiterung des den Dom umgebenden freien Platzes gemäß dem festgestellten Fluchtlinien-Plan zu verwenden.*[95]

83. DBA Köln, Bestand ZDV, Tit. XIIb, 1, o. S.
84. DBA Köln, Bestand ZDV, Tit. XIIb, 2, o. S.
85. DBA Köln, Bestand ZDV, Tit. XIIb, 1, o. S.
86. DBA Köln, Bestand ZDV, Tit. XIIb, 1, o. S.
87. DBA Köln, Bestand ZDV, Tit. XIIb, 2, o. S.
88. DBA Köln, Bestand ZDV, Tit. XIIb, 2, o. S.
89. DBA Köln, Bestand ZDV, Tit. XIIb, 2, o. S.
90. DBA Köln, Bestand ZDV, Tit. XIIb, 3, o. S.
91. Beschreibung des Gebäudes siehe S. 73–74.
92. Gutachten vom 11. Juli 1891: DBA Köln, Bestand ZDV, Tit. XIIb, 3, o. S.
93. Schreiben des Oberbürgermeisters an den Präsidenten des ZDV vom 30. Januar 1892: DBA Köln, Bestand ZDV, Tit. XIIb, 4, o. S.
94. Am 25. Mai 1893 leistete der ZDV die erste Zahlung für das Grundstück an die Stadt Köln; zu einer endgültigen Abrechnung kam es erst am 14. April 1899. DBA Köln, Bestand ZDV, Tit. XIIb, 3, o. S.
95. 14. September 1893: DBA Köln, Bestand ZDV, Tit. XIIb, 4, o. S.

Die zweite Freilegungsphase wurde durch einen Architekten und Stadtplaner, den Stadtbaumeister Hermann Josef Stübben, angeregt. In seinen Planungen kommt das damalige städtebauliche Ideal, die Gewinnung von Sichtachsen auf ein zentrales und monumentales Bauwerk, zum Ausdruck (*Abb. 39*). Die Verhandlungen mit den Grundstückseigentümern gestalteten sich teilweise als schwierig, da größere Baukomplexe wie das Domhotel betroffen waren. Auch bei den Besitzern anderer Grundstücke, etwa des Gasthofes Domhof 2–3, gab es Widerstände gegen einen Grundstücksverkauf, da dies für sie mit größeren wirtschaftlichen Nachteilen verbunden war.

Bei Abschluss der zweiten Freilegungsphase konnte das Restgrundstück Domkloster 6 aus dem Eigentum der Erbengemeinschaft Seelig, die Grundstücke Am Hof 7 von Wilhelm Völkenrath, Am Hof 9, 11 und 13 von Louis Lefrère, Am Hof 15 von Friedrich Mostert, Am Hof 17, das der Witwe Elisabeth Borchart gehörte, sowie Domhof 2–3 aus dem Eigentum von Johann Baptist Greven erworben werden. In einem komplizierten Verfahren mit einer Mischung aus Grundstückstausch und -verkauf wurde das Domhotel, das den Erben Metz gehörte, von den Grundstücken Domhof 5, 7, 9, 9-, 11 und 1 verlegt. In diesem Zusammenhang wurde das Grundstück Am Hof 5, auf dem das Amt der preußischen Provinzial Steuerdirektion stand, erworben.

Abb. 39
Neugestaltete Umgebung
auf der Südseite des Domes.
Foto, 1910/20.

Abb. 40
Blick aus der Straße Burgmauer auf die freigelegte Westseite des Domes. Foto, um 1900.

Abb. 41
Freigelegter Platz (Domkloster) vor der Westfassade des Domes mit Blick in die Straßen Burgmauer (links) und Trankgasse (rechts). Foto, um 1880.

Die Freilegung des Domes nach Westen hin (1886–1902)

Als Reaktion auf Stübbens Projekt, der Freilegung der Südseite des Domes, veröffentlichte der Architekt Friedrich Carl Heimann am 5. Mai 1885 ein weiteres Freilegungsprojekt, das in besonderem Maße eine »axiale Freistellung der Portalfronten des Domes zum Ziel hatte«.[96] Ein Bestandteil seines Plans war, wie bereits bei Stübben, eine Vergrößerung des Domhofes nach Westen, die jedoch durch den Neubau des Domhotels zunächst nicht realisiert werden konnte. Zur Ausschmückung sah er eine zweigeteilte Grünanlage vor, die eine Sichtachse zwischen Unter Goldschmied und dem Südportal des Domes berücksichtigte, um auch einen Repräsentationsraum für kirchliche und weltliche Veranstaltungen zu gewinnen. Wie auch beim Stübben-Plan waren anstelle der Domherrenhäuser im Nordwesten des Domes und am Westende der Straße Am Hof Grünanlagen vorgesehen *(Plan 3)*.

Eine wesentliche Ergänzung gegenüber dem Stübben-Plan bildet die Anlage eines größeren Platzes vor der Turmfront im Westen *(Abb. 40–41)*. Notwendig zur Durchführung waren die Beseitigung der bereits von den ersten zwei Freilegungsphasen und vom Fluchtlinienplan (Februar 1883) betroffenen Bauten wie die Domherrenhäuser Domkloster 5, 7 und 9, die Häuser Unter Fettenhennen 6 und 8 sowie Domkloster 3a. Der eigentliche Westplatz sollte im Norden an die Nordseite der Straße An der Burgmauer grenzen und im Westen an die Nordgrenze der Häuser Domkloster 3a und Unter Fettenhennen 13. Von diesem Projekt betroffen waren die Privat- und Geschäftshäuser Unter Fettenhennen 15 und 17, die Domkurien Margarethenkloster 4, 6 und Burgmauer 1 sowie das Haus Margarethenkloster 8, ein Nebengebäude des Hotels Fischer.[97] Dadurch geriet die östliche Grundstücksgrenze des Hotels Fischer, Burgmauer 3, in die westliche Platzflucht. Der Hotelbau, ein seit seiner Erbauung im Jahre 1833 mehrmals erweitertes klassizistisches Haus, sollte nach Heimanns Plan mit einer neuen Ostfront ausgestattet werden. Am Westende des Platzes sah das Projekt eine Ausbuchtung nach Süden vor, der die Bebauung der Grundstücke Margarethenkloster 1 und 3–5 weichen sollte. Für die so geschaffenen Freiflächen waren verschiedene Grünanlagen vorgesehen.[98]

Erste konkrete Schritte für das Freilegungsprojekt nach Westen hin unternahm der Präsident des Zentral-Dombau-Vereins Oswald Schmitz am 13. April 1887 mit einem Antrag an das Ministerium für geistliche Angelegenheiten in Berlin, den Erlös der genehmigten Dombaulotterien auch für die Freilegung an der Westseite des Domes zu nutzen.[99] Nach den Erfahrungen mit den vergangenen komplizierten und zeitraubenden Verhandlungen über den Erwerb der betroffenen Grundstücke war man nun bemüht, die Enteig-

96. Breuer [Anm. 20], S. 114.
97. Beschreibung der Häuser Domkloster 3a, Unter Fettenhennen 6, 8, 13, 15 und 17, Margarethenkloster 2, 4, 6 und 8 sowie Burgmauer 1 siehe S. 74–76.
98. Breuer [Anm. 20], S. 114–115.
99. DBA Köln, Bestand ZDV, Tit. XIIb, 1, o. S.

nungsverfahren für die von diesen Freilegungsplänen betroffenen Grundstücke gemeinsam in einer Art ›Sammelverfahren‹ zu betreiben.[100] Nachverhandlungen wurden nur in einzelnen Fällen noch erforderlich.[101]

Schließlich wurde am 15. September 1902 der rechtliche Status auch dieser Grundstücke, die von der Freilegung des Domes nach Westen hin betroffen waren, festgeschrieben: *Die Stadtgemeinde Cöln hat für den Central-Dombau-Verein* [d. h. im Namen des ZDV] *die Grundstücke Domkloster No 3a, Unter Fettenhennen No 6, 8, 15, 17 sowie einen Theil von No 13, Margarethenkloster No 4, 6 und 8 sowie Burgmauer No 1 erworben beziehungsweise ist durch Enteignungsbeschluß in den Besitz derselben eingewiesen. Die Kaufpreise für diese Grundstücke sind aus Mitteln des Domfreilegungsfonds an die Stadt Cöln erlegt und durch diese an die betreffenden Eigenthümer gezahlt beziehungsweise für dieselben bei der hiesigen Königlichen Regierungs-Hauptkasse hinterlegt worden.*

Nachdem die Niederlegung der aufstehenden Gebäude stattgefunden hat, übernimmt nach Maßgabe der Allerhöchsten Ordre vom 14. Juni 1882 der unterzeichnete Oberbürgermeister Namens der Stadtgemeinde Cöln die Verpflichtung, die vorbezeichneten Grundstücksflächen zur Erweiterung des den Dom nach Westen hin umgebenden freien Platzes gemäß dem festgestellten Fluchtlinienplan zu verwenden.[102]

100. Die ersten gerichtlichen Verhandlungen fanden am 4. Januar 1894 statt. DBA Köln, Bestand ZDV, Tit. XIIc, 1, o. S.

101. Betroffen war insbesondere die Besitzung Unter Fettenhennen 17 und Margarethenkloster 2, wo der Gastwirt Karl Peter Antweiler ein Hotel betrieb. DBA Köln, Bestand ZDV, Tit. XIIc, 1, o. S. – Beschreibung des Gebäudekomplexes siehe S. 76.

102. DBA Köln, Bestand ZDV, Tit. XIIc, 2, o. S.

Fazit

Die einzelnen Phasen der Domfreilegung erfolgten nicht abgeschlossen hintereinander. Vielmehr entstanden durch die schwierigen Verhandlungsbedingungen Verzögerungen, teils um mehrere Jahre, sodass die einzelnen Freilegungsprojekte in mehreren Fällen parallel betrieben werden mussten. Auch in den Akten spiegelt sich diese Lage wider. So sind im Archiv des Zentral-Dombau-Vereins die Akten der einzelnen Freilegungen gemeinsam und nahezu vollständig überliefert. Häufig finden sich Briefe, Notizen u. a. aus vorhergehenden Maßnahmen in den Akten späterer Freilegungsphasen. Dies war bedingt durch die Entwicklungen der jeweiligen Verhandlungen, die sich gerade in den Anfängen, als die Erfahrung mit der Komplexität der Abwicklungen noch fehlte, schwierig und zeitaufwändig gestalteten.

Verzögerungen und Schwierigkeiten gab es auch bei den direkten Verhandlungen mit den Grundstückseigentümern. Eine Veräußerung von Grundstücken in derart guter und zentraler Lage bedeutete für die meisten von ihnen wirtschaftliche Einbußen. Die Forderungen für einen Verkauf fielen zunächst dementsprechend hoch aus. Insbesondere für die Eigentümer von Läden, Gasthöfen und Hotels war es schwierig, einen adäquaten Ersatz zu finden.

Die Schwierigkeiten, die es in den Verhandlungen um die Häuser aus dem Besitz der Hohen Domkirche gab, wurden im Kapitel zur ›engeren Freilegung‹ geschildert. Aus diesen Gründen musste die Stadt Köln als letzte Maßnahme zu Enteignungsverfahren greifen, um die Freilegungsprojekte, in die durch die Genehmigungsverfahren höchste Regierungsstellen involviert waren, überhaupt realisieren zu können. Nicht zuletzt war die Freilegung des Kölner Domes auch ein Anliegen der Kölner Bürger und der vielen Besucher der Stadt, was sich durch den die Erwartungen weit übertreffenden Erfolg, der für diesen Zweck eingerichteten Lotterien deutlich zeigte.

Bereits wenige Jahre nach Abschluss der großen Freilegungsprojekte wurden jedoch die Nachteile deutlich, die eine große freie Fläche in zentraler, verkehrstechnisch bedeutender Lage brachte *(Abb. 42–43)*. Das zeigen die Akten, in denen über einen zunehmenden Verkehr rund um den Dom durch die beginnende Automobilisierung und über ein enger werdendes Netz von Straßenbahnen berichtet wird. Man erwog sogar ernsthaft eine Verlegung des Hauptbahnhofs und der Bahntrassen, um den Dom von dem Lärm und dem Getriebe des zunehmenden Verkehrs zu befreien.

Als Beispiel für eine veränderte Meinung zur Freilegung des Domes sei hier nur eine Darstellung aus den Akten des Zentral-Dombau-Vereins zitiert. Sie stammt aus einem Bericht, den der damalige Dombaumeister Hans Güldenpfennig am 28. Dezember 1932 bei einer Besprechung vortrug, die auf Einladung von Kardinal Schulte im Erzbischöflichen Palais stattfand. Die Teilnehmer der Besprechung waren neben Güldenpfennig der Kölner Oberbürgermeister Adenauer, der erzbischöfliche Geheimsekretär Corsten, der Oberpräsident der Rheinprovinz Fuchs und Dompropst Paschen.

Der Dombaumeister referierte über den Zustand der Umgebung des Domes, die unter zwei gravierenden Nachteilen leide: [unter] *städtebaulicher Unfertigkeit und lautem, sehr lästigem Wagen- und Straßenbahnver-*

kehr. Wie der Dom selbst, sei auch seine Umgebung bis ins XIX. Jahrhundert hinein unfertig geblieben. Der Dom sei im XIX. Jahrhundert zwar vollendet worden nicht aber seine Umgebung. Die Umgebung eines beherrschenden Bauwerkes müsse mit diesem zusammenklingen, um mit ihm eine künstlerische Einheit zu bilden. Man habe das nicht erkannt gehabt und anstatt einer Einbindung des Domes in das Stadtgefüge nur Blickpunkte geschaffen. Indem man eine große Zahl historisch wertvoller Gebäude entfernte, erreichte man zwar, daß dem Besucher von allen Seiten aus Gesamtansichten ermöglicht wurden, zugleich wurde aber auch eine Isolierung geschaffen, sodaß der Dom in seiner Umgebung fortan als Fremdkörper erschienen sei [...].[103] Die Feststellung der ungünstigen städtebaulichen Situation der Domumgebung, die sich in Zukunft noch verstärken sollte, führte jedoch zu keinerlei Konsequenzen.

103. DBA Köln, Bestand ZDV, Tit. XIII, 7, o. S. Hauptdiskussionspunkt dieser Akten (von 1928 bis in die 1930er Jahre) ist eine Verlegung des Hauptbahnhofs und eine Neuplanung der Bahntrassen, um die Innenstadt und die unmittelbare Umgebung des Domes von dem hohen Verkehrsaufkommen zu befreien.

Abb. 42
Nordseite des Domes.
Foto, 1932.

Abb. 43
Verkehrssituation nach der
Freilegung des Domes im Westen.
Foto, um 1920.

Tafeln

Ansicht des Domes von Südosten mit Domhof.
Kolorierter Kupferstich, nach einer Zeichnung von Laurenz Janscha,
gestochen von Johann Ziegler, 1798.

Ansicht des unvollendeten Domes von Südosten mit dem alten Domhotel.
Chromolithographie, Weber & Deckers, um 1860, DBA Köln.

Südseite des Domes mit dem alten Domhotel.
Gemälde, J. Hock, 1878, Privatbesitz.

Der Kölner Dom von Nordwesten.
Gemälde, Cornelis Springer, 1855, Privatbesitz.

Der Dom zu Köln. Pinselzeichnung, Lambert Doomer, um 1640/48,
Wallraf-Richartz-Museum & Fondation Corboud, Graphische Sammlung.

St. Maria im Pesch. Die ehemalige Dompfarrkirche lag auf der Nordseite des Domes.
Aquarell, Heinrich Oedenthal, um 1840, Kölnisches Stadtmuseum, Graphische Sammlung.

»De Dom te Keulen«. Ostseite des Domes mit Domumgang.
Farbige Chromolithographie, um 1870, DBA Köln.

Ansicht des Kölner Domes in antizipierter Vollendung.
Kolorierte Lithographie nach einem Gemälde von Carl Emanuel Conrad, 1856.

Der Kölner Dom in antizipierter Vollendung.
Gemälde, Carl Georg Haselpflug, 1834–36, Kölnisches Stadtmuseum.

Anhang

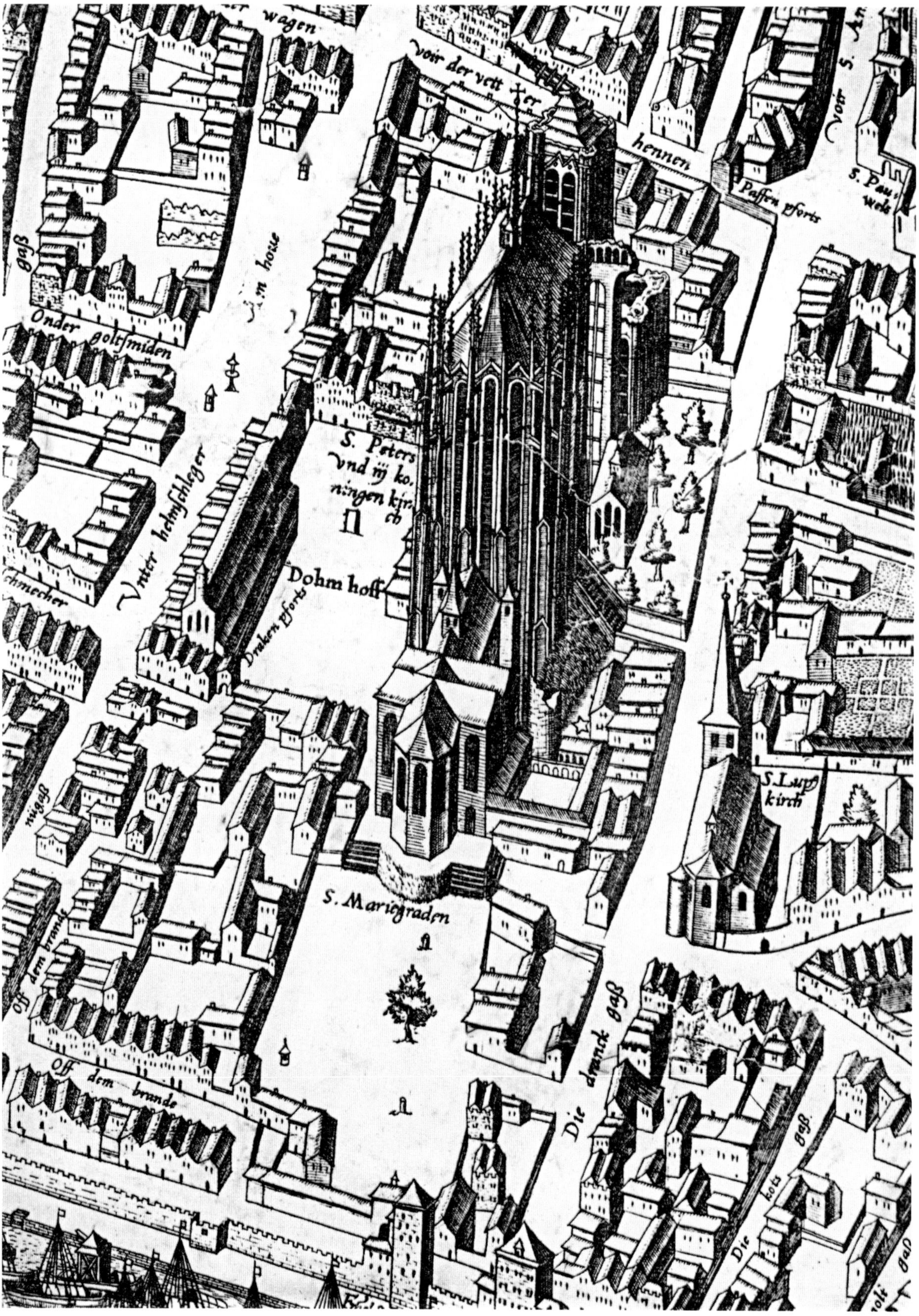

Abb. 44
Kölner Dom und ihn umgebende Bauten.
Ausschnitt aus: Ansicht von Köln aus der Vogelperspektive, Arnold Mercator, 1571, Kölnisches Stadtmuseum, Graphische Sammlung.

Gebäudebeschreibungen

Durch die Domfreilegung ging ein größerer Bestand an historischer Bausubstanz verloren (Abb. 44). Man muss dies aus der Zeit heraus betrachten, in der alte Gebäude, zumal wenn es sich, wie in diesem Fall, um reine Wohn- und Geschäftsbauten meist jüngeren Datums handelte, keine große Wertschätzung erfuhren. In der einschlägigen Literatur sind zu den Gebäuden, auch wenn sie teilweise aus dem 17. und 18. Jahrhundert stammen, so gut wie keine Informationen zu finden. Vielleicht liegt es daran, dass es vergleichsweise einfache Wohn- und Geschäftshäuser waren, die im Laufe der Zeit, den Bedürfnissen entsprechend, stark verändert wurden. Zur Bebauung am Domhof lässt sich sagen, dass diese im 19. Jahrhundert mehrfach starken Veränderungen unterworfen war. Der Wechsel der Landesherren (Franzosen, Preußen) brachte es mit sich, dass die Gebäude des ›Ancien Régime‹, insbesondere diejenigen in erzbischöflichem oder kirchlichem Besitz, säkularisiert und teilweise abgerissen wurden. Ein großer Teil der Grundstücke wurde mehrfach verändert und anderen Nutzungen zugeführt.[104]

Aus den Akten kann man anhand der Beschreibungen in den Werttaxen zumindest eine Vorstellung von einigen für die Freilegung des Domes abgerissenen Bauten gewinnen. Im Folgenden soll versucht werden, mittels dieser oft sehr knappen Schilderungen einen Teil der Häuser zu beschreiben. Dabei werden die Quellen in einigen Fällen ausführlich zitiert, da sie zu den wenigen Spuren gehören, die von diesen Gebäuden übrig geblieben sind.

Domkloster 5 und 7

Die Domherrenhäuser Domkloster 5 und 7 (Abb. 45, 48–50) haben massive Mauern, sind unterkellert und bestehen aus Erdgeschoss, zwei Etagen und einem Dachgeschoss. In beiden Häusern ist der Keller gewölbt, mit *Schroteingängen* versehen und liegt zur Hälfte über dem Straßenniveau. Das Erdgeschoss ist über zwei Freitreppen zugänglich. Die Satteldächer sind mit Schiefer gedeckt. Domkloster 5 und 7 bilden einen Gebäudekomplex; dieser *besteht aus zwei von einander unabhängigen Theilen* [und] *ist weit über 100 Jahre alt.*[105] Im nördlichen Teil des Hofraumes, an die Trankgasse angrenzend, liegt ein Hintergebäude, das als Waschküche und Remise genutzt wird. Es hat massive Mauern und besteht lediglich aus einem Erdgeschoss ohne Keller. Die Fassade zur Trankgasse hin besteht zum Teil aus profiliertem Haustein. Der Hofraum ist von massiven Mauern umschlossen und teils mit Basaltstein gepflastert, teils mit Rasen- und Grünanlagen versehen.[106]

104. Vgl. Hans Vogts, Das Kölner Wohnhaus bis zur Mitte des 19. Jahrhunderts, 2 Bde., Neuss 1966, hier Bd. 2, S. 758. – Keussen [Anm. 1]. – Köln. Der historisch-topographische Atlas, hrsg. von Dorothea Wiktorin u. a., Köln 2003.

105. Der Gebäudekomplex wurde 1657/58 im so genannten Flämischen Stil im Auftrag des Domdechanten Franz Egon von Fürstenberg neu errichtet. Der Komplex wird beschrieben als ein »schwerer, in Rustikaart errichteter, mit einem springenden Pferd gekrönter und mit dem Wappen des Erzstiftes und des Fürstenbergschen Geschlechts geschmückter Portal- und Marstallbau.« Vogts [Anm. 104], Bd. 2, S. 538.

106. AEK, MK 551: Schätzung vom 12. Juni 1885.

Abb. 45
Gebäudekomplex der Domherrenhäuser
Domkloster 5, 7 und 9 mit Hof und
Remisengebäude zur Trankgasse hin.
Foto, Theodor Creifelds, 1875.

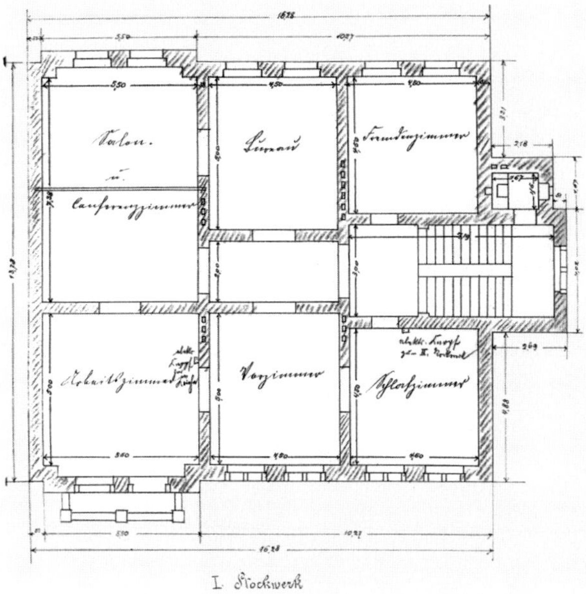

Abb. 46
Dompropstei (Domkloster 9),
Grundriss des ersten Stockwerks.
AEK, MK 236.

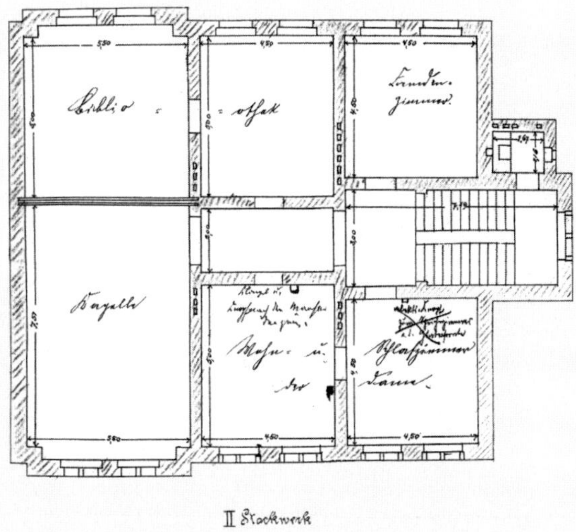

Abb. 47
Dompropstei (Domkloster 9),
Grundriss des zweiten Stockwerks.
AEK, MK 236.

Abb. 48
Das zu den Häusern Domkloster 5,
7 und 9 gehörende Remisengebäude.
Foto, 1898.

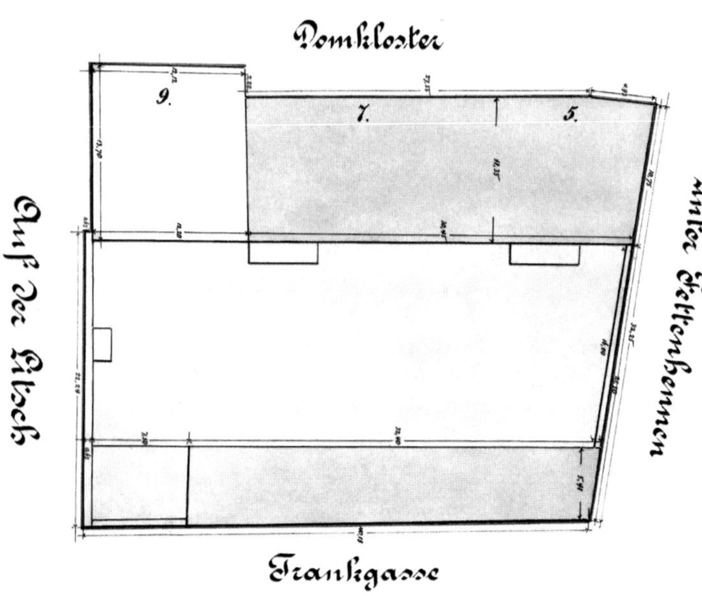

Abb. 49
Die Häuser Domkloster 5, 7 und 9 mit Hof und Remisengebäude zur Trankgasse hin. – Das Domfest in Köln. Der Festzug vor dem Eingang zum Westportal des Domes. Stich, August Beck, 1863.

Abb. 50
Grundriss des Gebäudekomplexes Domkloster 5, 7 und 9. AEK, MK 236.

Domkloster 9

Das Haus Domkloster 9 (*Abb. 45–50*) liegt auf dem Eckgrundstück zwischen Domkloster und der Gasse Auf der Litsch. Es ist ein schlichter zweigeschossiger Bau mit einem Schieferdach. Die Hälfte des Hauses ist unterkellert.[107]

Domhof 2–3, die so genannte Hacht

In einem Gutachten in der Enteignungssache der Stadt Köln gegen die Eheleute Johann Baptist Greven findet sich eine detaillierte Beschreibung des Hauses Domhof 2–3, genannt die Hacht, in dem sich eine Gastwirtschaft befand. Der Name des Hauses ist auf das ehemalige erzbischöfliche Gefängnisgebäude zurückzuführen, das sich an dieser Stelle, an der Südseite des Domhofes, befunden hatte. Im Laufe der Zeit, vor allem im 19. Jahrhundert, war das Gebäude so stark um- und ausgebaut worden, dass von seiner ursprünglichen Struktur fast nichts mehr erkennbar war. In dem erwähnten Gutachten heißt es lediglich lapidar: *Die Umfassungen des Erdgeschosses und der ersten Etage sind sehr alt.* Das Grundstück war insgesamt 262 qm groß und so unregelmäßig geschnitten, dass es Probleme bei der exakten Vermessung gab.[108] Nach Angaben des Besitzers waren hier in den vergangenen 50 Jahren umfangreiche Um- und Neubauarbeiten vorgenommen worden, zu denen die vollständige Unterkellerung des Hauses und die Anlage eines Lichthofs mit Einrichtung einer neuen Küche, eine Neugestaltung des Erdgeschosses und eine Aufstockung des Gebäudes um zwei Etagen gehörten. Dadurch wird die geringe Bereitschaft des Besitzers erklärlich, die Liegenschaft zu verkaufen.

Das Haus Domhof 2–3 weist massive Steinmauern auf und ist mit einem gewölbten Keller von 2,50 m Höhe versehen. Dieser hat einen Fußboden aus *Mendiger Platten.* Zur Straße gibt es einen Zugang über eine massive *Schrottreppe.* Im Erdgeschoss gelangt man in einen Vorflur mit einem schwarz-weißen Bodenbelag aus Marmor und einem Windfang. Von dort führen eine gewundene Eichentreppe zur ersten Etage, ein Eingang zur Kellertreppe und ein Durchgang zu zwei mit gewölbten Decken ausgestatteten Sälen. Die Gewölbe sind mit Stuckarbeiten verziert; der vordere Saal ist tapeziert, der hintere hat eine etwa 1,50 m hohe profilierte Wandtäfelung aus Tannenholz. Darüber sind die Wände mit Ölfarbe gestrichen. Der vordere Saal hat zwei Fenster zur Straße hin und einen massiven Pfeiler zur Abstützung der Gewölbe. Der hintere Saal wird durch vier Fenster belichtet, die Gewölbe ruhen auf einer eisernen, mit Stuck umzogenen Säule. Verbunden sind die Räume durch drei Doppeltüren. Die Räume im Erdgeschoss haben eine Höhe von 5,10 m. Die Aufgangstreppe zur ersten Etage hat zwei Podeste.

Ein bis zur Kellersohle führender Lichthof ist auf der Höhe des Fußbodens des Erdgeschosses im südlichen Teil mit Zink abgedeckt. Dieser ist vom Hausflur aus zugänglich; der nördliche Teil hat eine hölzerne Brüstung mit einem Glasdach. Der Lichthof selbst ist als Küche eingerichtet, deren Boden mit Fliesen, so genannten Mettlacher Plättchen, belegt ist. Die Wände sind mit einer 1,20 m hohen Verkleidung aus bunten Kachelplättchen versehen. Auf der Höhe der Treppe ist ein Podest angebracht, auf welchem sich ein Spülbecken aus Sandstein mit Sammelkasten und Strahlzunge befinden.

Ein Teil des Erdgeschosses enthält einen gepflasterten öffentlichen Durchgang, die Hachtpforte. Durch ihn werden seitlich des eigentlichen Hauses liegende Räume erschlossen, die vom übrigen Teil des Erdgeschosses komplett abgetrennt sind. Die westliche dieser Räumlichkeiten hat zum Durchgang hin eine Front aus Fachwerk, die bis unter die Balkenlage der ersten Etage reicht. Diese Gebäudeeinheit, im Eigentum der Stadt Köln, besteht aus einem kleinen Keller, einem Verkaufslokal im Erdgeschoss und einem sehr niedrigen *Entresol.* Die östlich gelegene Räumlichkeit im Durchgang erstreckt sich in der Höhe ebenfalls bis unter die erste Balkenlage des benachbarten Hauses und hat zum Durchgang hin eine aus Eichenholz ge-

107. DBA Köln, Bestand ZDV, Tit. XIIa, 1, S. 191. Darunter befindet sich auch eine grobe Planzeichnung des Grundrisses.
108. 30. Januar 1892, Schreiben des Oberbürgermeisters an den Vorsitzenden des ZDV: *Auch die genaueste Vermessung des Hachtgebäudes unter Zuhilfenahme photographischer Aufnahmen dürfte bei der eigenthümlichen Bauart des Hauses – sobald dasselbe einmal vom Erdboden verschwunden – ein genaues Bild zu geben und als Unterlage eines Sachverständigen-Gutachtens zu dienen, nicht imstande sein.* DBA Köln, Bestand ZDV, Tit. XIIb, 4, o. S.

baute Frontwand mit einer Tür und fünf Schaufenstern mit Spiegelscheiben und Rollläden. Diese Gebäudeeinheit enthält einen niedrigen Balkenkeller, im Erdgeschoss zwei kleine Verkaufslokale, eine Wendeltreppe und ein *Entresol* mit zwei schmalen Zimmern und gehört den Eheleuten Greven. Umstritten ist das Eigentumsrecht an der Grundfläche des Durchgangs selbst, das die Eheleute Greven beanspruchen, was jedoch die Stadt Köln bestreitet. Die gesamte Fläche des Durchgangs ist in den Etagen überbaut und steht hier in unmittelbarer Verbindung mit den übrigen Teilen des Hauses.

In der ersten, 3,50 m hohen Etage des Hauses befinden sich nördlich zur Straße hin zwei Zimmer mit jeweils zwei Fenstern; daneben ist über dem Durchgang ein Zimmer mit drei Fenstern, die zur Straße Am Hof liegen. Daran grenzen zwei weitere Zimmer mit je einem Fenster und ein Mittelflur zur Seitentreppe, die zur zweiten Etage führt. Westlich, zum Grundstück Am Hof 15 hin, befinden sich ein Zimmer und eine Küche mit jeweils einem Fenster. Zum Lichthof hin liegen zwei weitere Zimmer mit zwei bzw. vier Fenstern. Verbunden sind die Räume der Etage mit acht einfachen und acht doppelten Türen. Sämtliche Räume der Etage, auch Flur und Treppenaufgang, sind tapeziert. Vier Zimmer und der Flur sind mit Stuckleisten verziert.

Die zweite Etage ist 3,40 m hoch. Hier liegen zehn Wohnräume. Über der Haupttreppe befindet sich ein mit Zink abgedecktes Zimmer mit Oberlicht und einem Fenster zum Lichthof. Die Etage hat insgesamt 16 Fenster, die Räume sind tapeziert, ohne Stuckarbeit und mit einflügeligen Türen versehen. Das dritte Geschoss ist als Mansard-Etage ausgebaut und 3,00 m hoch. Es enthält 17 Räume mit stehenden Dachfenstern, einen Flur mit einem Oberlicht und einen durchgehenden Speicherraum. Das östlich und westlich abgewalmte Satteldach ist mit Schiefer gedeckt und mit Dachrinnen aus Zink versehen. Es hat außerdem acht stehende Dachfenster sowie ein Treppenoberlicht. Die Außenwände des Gebäudes sind verputzt und mit Ölfarbe gestrichen. Die Mauern zum Lichthof haben einen Mörtelputz. Das Haus war als Hotel eingerichtet und verfügte dementsprechend über Gas- und Wasserleitungen sowie sanitäre Anlagen.[109]

Im September 1888 wurden zur Vorbereitung der Enteignungsverfahren sämtliche von der dritten Freilegungsphase betroffenen Gebäude und Grundstücke geschätzt.[110] Aus diesen Schätzungen stammen die folgenden Beschreibungen:

Domkloster 3a

Das Wohn- und Geschäftshaus Domkloster 3a hat massive Mauern und einen Keller mit Gewölbe. Es ist dreigeschossig bzw. viergeschossig zur Hofseite hin durch eine massiv ausgebaute Dachetage. Im Erdgeschoss befindet sich ein Ladenlokal. Das Dach ist mit Zink gedeckt und die Fassade mit profiliertem Sandstein verkleidet. Auf dem Dachgesims befindet sich eine Balustrade. Das Haus verfügt über Gas- und Wasserleitungen und *ist ca 25 Jahre alt, gut und solid gebaut, mit zweckmäßiger bürgerlicher Ausstattung und* [in] *befriedigendem Bauzustand.* Zu dem Grundstück gehören noch Abschlussmauern und ein gepflasterter Hof mit Glasdach.[111]

Unter Fettenhennen 6 und 8

Die drei Häuser auf den Grundstücken Unter Fettenhennen 6 und 8 werden als einfache Wohn- und Geschäftshäuser beschrieben. Sie sind massiv gemauert und teilweise unterkellert. Im Erdgeschoss aller drei

109. 11. Juli 1891: DBA Köln, Bestand ZDV, Tit. XIIb, 3, o. S.
110. DBA Köln, Bestand ZDV, Tit. XIIc, 1, o. S.
111. DBA Köln, Bestand ZDV, Tit. XIIc, 2, o. S.
112. Unter Fettenhennen 8 war ein Eckgrundstück mit zwei Häusern. Eines lag zur Straße Unter Fettenhennen, das andere zum Domkloster hin. Vgl. Anm. 111.
113. Im Februar 1896 kam es auf dem Grundstück zu einem Brand. Bei der nachfolgenden Besichtigung des Schadens am 13. Februar wurde festgestellt: *Bei der in Folge eines Brandes vorgenommenen Besichtigung des Grundstücks Unter-Fettenhennen No 15 hierselbst fand sich Folgendes zu erinnern: 1. Der Schornstein über Dach ist baulos und muß ordnungsmäßig instand gesetzt bezw. erneuert werden. 2. In der im Erdgeschoß liegenden Küche führt ein Ofenrohr dicht an der mit Brettern benagelten Fachwerkwand entlang. Der Ofen muß entweder entfernt oder die Mauer feuersicher hergestellt werden.* DBA Köln, Bestand ZDV, Tit. XIIc, 1, o. S. – Beschreibung der Häuser vgl. Anm. 111. – Die folgenden Beschreibungen der Häuser Unter Fettenhennen 17, Margarethenkloster 2, 4, 6 und 8 sowie Burgmauer 1 vgl. Anm. 110.

Häuser befinden sich Ladenlokale. Die beiden Häuser Unter Fettenhennen 6 und 8 (zur selben Straße hin) haben Satteldächer aus Schiefer, das bei letzterem mit einer massiven Dachetage ausgebaut ist. Sie werden als *über hundert Jahre alt* beschrieben und haben jeweils einen gepflasterten Hof. Das Haus auf dem Grundstück Unter Fettenhennen 8 (zum Domkloster hin) hat über dem Erdgeschoss eine aus Glas und Eisen ausgeführte Etage, in der ein *photographisches Atelier* eingerichtet ist. Dieses Haus ist *neueren Datums.*[112]

Unter Fettenhennen 13 und 15

Auch Unter Fettenhennen 13 *(Abb. 51)* ist ein Wohn- und Geschäftshaus. Es besteht aus einem Vorderhaus mit einem Anbau. Beide haben massive Mauern und sind zweigeschossig mit einem ausgebauten Dachgeschoss. Das Vorderhaus ist unterkellert und hat ein Ladenlokal im Erdgeschoss. Beide Gebäude haben mit Schiefer gedeckte Satteldächer und sind *weit über 100 Jahre alt.*

Auf dem Grundstück Unter Fettenhennen 15 stehen ein Vorderhaus und ein Hinterhaus. Beide haben massive Mauern, und das Vorderhaus ist unterkellert. Beide bestehen aus Erdgeschoss mit einer Etage und einem ausgebauten Dachgeschoss. Sie haben mit Schiefer gedeckte Satteldächer und sind ebenfalls *weit über 100 Jahre alt.* Zu diesem Grundstück gehören noch Abschlussmauern, ein gepflasterter Hof und Gartenanlagen.[113]

Abb. 51
»Chörlein« am Hause Unter Fettenhennen Nr. 13–15. Tuschezeichnung nach einem Foto, Gisela Hansch, 1965.

Unter Fettenhennen 17, Margarethenkloster 2

Die Häuser Unter Fettenhennen 17 und Margarethenkloster 2 gehören demselben Besitzer und bilden gemeinsam den Baukomplex des Hotels Fischer. Das Vorderhaus hat massive Mauern und ist teilweise unterkellert. Im Erdgeschoss sind eine Restauration und andere *Lokalitäten* untergebracht. Darauf befinden sich zwei Etagen und ein teilweise massives Dachgeschoss unter einem mit Schiefer gedeckten Satteldach. Das Haus ist *weit über 100 Jahre alt und hat eine profilierte und verputzte Fassade. Es enthält* [eine] *Gas- und Wasser-Leitung sowie alle zum Hotelbetrieb erforderlichen Einrichtungen und befindet sich in gut erhaltenem Zustand.*

Der Anbau besteht aus einem massiv gemauerten Erdgeschoss mit einem Mansarddach, das mit Schiefer gedeckt ist. In ihm befinden sich Toilettenanlagen. Er ist *weit über 100 Jahre alt, einfach ausgestattet und in mittelmäßigem bzw. ziemlich gutem Zustand.* Auf dem Grundstück gibt es noch eine Remise, *ca 15 Jahre alt, einfach ausgestattet und in ziemlich gutem Zustand befindlich.* Zu dem Komplex gehören außerdem Abschlussmauern, ein gepflasterter Hof, Lauben und eine Gartenanlage. In dieser steht eine offene Halle, die teilweise massiv gemauert und mit Eisen und Glas eingedeckt ist. Die Halle ist *ca 10 Jahre alt, einfach ausgestattet und in befriedigendem Zustand.*

Margarethenkloster 4 und 6

Die Häuser Margarethenkloster 4 und 6 werden beide als unterkellerte Wohnhäuser mit massiven Mauern und drei Geschossen beschrieben. Beide haben mit Schiefer gedeckte Satteldächer. *Sie sind weit über 200 Jahre alt und einfach ausgestattet.* Das Haus Nr. 4 befindet sich in *ziemlich gutem Zustand,* wohingegen Nr. 6 *als in mittelmäßigem bzw. abgenutztem Zustand* befindlich beschrieben wird. Beide Häuser verfügen über Abschlussmauern.

Margarethenkloster 8 und Burgmauer 1

Das Haus auf dem Grundstück Margarethenkloster 8 ist einige Jahre zuvor *neu und sehr solid erbaut* worden. Es hat ein *hochliegendes Keller-Geschoß,* in dem eine Küche eingerichtet ist und besteht aus zwei Geschossen mit einem flachen Zinkdach *nebst Galleria* und einer *Blendsteinfacade, mit bürgerlicher Ausstattung und* [befindet sich] *in gutem Zustand.*

Auf dem Grundstück Burgmauer 1 steht ein teilweise massiv gemauertes, teils aus Fachwerk bestehendes Wohnhaus mit einem Keller und drei Geschossen. Es hat ein mit Schiefer gedecktes Satteldach und ist *weit über 100 Jahre alt, einfach ausgestattet und in mittelmäßigem bzw. ziemlich gutem Zustand befindlich.*

Hinweise zu Bauplastik und Inschriften

In den Quellen befinden sich gelegentlich Hinweise auf Bauplastik und Inschriften von historischem Wert. Sie entstanden aus dem nicht immer erfolgreichen Bemühen heraus, die Gegenstände für die Nachwelt zu retten. Vor allem der damalige Direktor des Historischen Museums der Stadt Köln, Arthur Pabst, setzte sich für die Bewahrung der bedrohten Objekte ein. Sie sollten in das 1888 gegründete Museum, welches sich zu der Zeit in der Hahnentorburg befand, überführt werden. In diesem Zusammenhang sind mehrere Briefe von Pabst an den Präsidenten des Zentral-Dombau-Vereins Oswald Schmitz erhalten.

Am Hof 17, Steinrelief

Das erste dieser Schreiben stammt vom 8. Januar 1891 und betrifft ein Steinrelief, das am Haus Am Hof 17 angebracht war. Auf diesem Relief war das Hachtgebäude dargestellt. Zwei weitere Schreiben zu diesem Objekt vom 10. Januar 1891 und vom 27. Januar 1891 zeigen, wie engagiert Pabst in dieser Sache vorging:

Verehrtester Herr Consul
An der Hacht, die jetzt dem Abbruch geweiht ist, befindet sich ein altes Steinrelief – die Hacht selbst darstellend – dessen Erhaltung **sehr erwünscht** *ist. Darf ich Sie daher höflichst ersuchen, dem Unternehmer des Abbruchs die Verpflichtung aufzuerlegen, die Sculptur an mich (ins Kunstgewerbe-Museum) abzuliefern. Den Transport will ich gern bezahlen.*
Mit vorzüglicher Hochachtung
Ihr ergebenster Pabst [114]

Hochgeehrter Herr Consul
Verzeihen Sie – ich habe Ihnen irrtümlicher Weise eine falsche Angabe gemacht. Das Relief sitzt nicht an der Hacht, sondern **an dem zum Abbruch bestimmten Haus »Am Hof No 17«** *auf der Südseite. Gestatten Sie daher gütigst, daß ich meine ergebene Bitte wiederhole und für die Erhaltung des merkwürdigen Denkmals eintrete.*
Mit vorzüglicher Hochachtung
Ergebenst
Pabst[115]

Hochgeehrter Herr Consul
Darf ich Sie nochmals an das Relief an dem Haus Domhof 17 erinnern? Morgen oder übermorgen wird es ausgebrochen. Ich höre der Unternehmer bietet es zum Verkauf an.[116]

114. 8. Januar 1891: DBA Köln, Bestand ZDV, Tit. XIId, 3, o. S.

115. 10. Januar 1891: DBA Köln, Bestand ZDV, Tit. XIId, 3, o. S.

116. 27. Januar 1891: DBA Köln, Bestand ZDV, Tit. XIId, 3, o. S.

Abb. 52
Eine Pferdeskulptur bekrönt das Tor des Remisengebäudes an der Trankgasse.

Domkloster 5 und 7, Remisengebäude, Pferdeskulptur

In einem weiteren Schreiben setzte sich Arthur Pabst für die Bauplastik an den Domherrenhäusern Domkloster 5 und 7 ein, insbesondere für die freistehende Pferdeskulptur, die auf dem Torbogen des dazu gehörenden, in der Trankgasse befindlichen Stall- und Remisengebäudes[117] stand (Abb. 49, 52).

Hochgeehrter Herr Consul
Ihr dem Historischen Museum wiederholt bewiesenes freundliches Interesse, lässt mich heute wieder mit einer Bitte an Sie herantreten. Bei dem bevorstehenden Abbruch der Domcuria (Propstei) wird das auf dem Einfahrtstor in der Trankgasse stehende ***Pferd*** *entfernt und falls sich Niemand darum kümmert, vernichtet werden. Dasselbe ist aber ein Wahrzeichen des alten Köln und ich fühle mich verpflichtet, was ich kann für seine Erhaltung zu tun.*
Ich habe zunächst Anweisung gegeben, das Tier zu photographieren. Lieber wäre mir noch ich bekäme das Pferd, um es irgendwo aufzustellen. Allerdings höre ich vom Herrn Baurat Freyse, daß das edle Tier in einem sehr desolaten Zustand sein soll und er früher schon daran herumgeflickt hat. Aber ich möchte doch nichts unversucht lassen und richte daher an Sie, hochverehrter Herr Consul, die ganz ergebene Bitte, bei Vergebung der Abbruch-Arbeiten den Unternehmer zu verpflichten, das Pferd ***vorsichtig*** *abzunehmen und dem Historischen Museum zu überweisen.*
In der Hoffnung auf freundliche Gewährung meiner Bitte
Mit hochachtungsvoller Empfehlung
Ihr ergebenster
Pabst[118]

Domherrenhäuser Domkloster 5 und 7

Der Zentral-Dombau-Verein bestand bei der Ausschreibung für die Abrissarbeiten an den Domherrenhäusern Domkloster 5 und 7 darauf, dass die *Gegenstände von künstlerischem oder geschichtlichem Werthe, welche beim Abbruche zu Tage gebracht werden* [...] *Eigenthum des Central-Dombau-Vereins bleiben* [...]. Im Einzelnen werden dabei genannt: *Die Wappensteine mit eisernen Wangen an der Haustreppe zum Hofe, das Pferd nebst Wappen über dem Einfahrtsthor an der Trankgasse, die Hausthüren nach dem Hofe, sowie die Inschriften und alte und neue Straßenbenennungen.*[119]

Eine letzte Spur der Bauplastik und Inschriften an den Domherrenhäusern findet sich in einem Schreiben des Domkapitels vom 31. März 1892: Darin heißt es, man habe einen *Herrn Hoitz* beauftragt, die *betreffenden Gegenstände abzuholen.* In Randbemerkungen wird dazu ausgeführt, es handele sich dabei um: *1. die Wappensteine mit eisernen Wangen an der Haustreppe zum Hofe und 2. die Hausthüre auf dem Hofe. Ueber die Ablieferung des steinernen Pferdes nebst Wappen daselbst über dem Einfahrtstor an der Trankgasse werden wir Ihnen demnächst weitere Mittheilungen zugehen lassen.*[120]

Vom 2. April 1892 datiert ein weiteres Schreiben aus dem Städtischen Kunstgewerbemuseum zu diesem Thema:

An den Vorstand des Central-Dombau-Vereins Köln
Den hochwohllöblichen Vorstand bitte ich ganz ergebenst infolge des sehr werten Schreibens vom 29. vorigen Monats Inventarnummer 1359, freundlichst veranlassen zu wollen, daß die Ueberführung der dem Historischen Museum der Stadt gütigst überwiesenen Schriftplatten vom Abbruch der Domherren-Häuser etc. nach dem Museum in der Hahnenthorburg am Rudolfplatz stattfindet.

117. Vgl. Anm. 105.
118. Schreiben vom 26. Oktober 1891: DBA Köln, Bestand ZDV, Tit. XIId, 3, o. S.
119. Ausschreibung zum Abbruch der Häuser vom 15. März 1892: DBA Köln, Bestand ZDV, Tit. XIId, 3, o. S.
120. DBA Köln, Bestand ZDV, Tit. XIId, 3, o. S.

Herr Director Pabst weilt krankheitshalber in Wiesbaden und bitte ich ganz ergebenst der Dringlichkeit der Aufräumungsarbeiten auf den Bau-Abbruchsplätzen wegen, obigen Wunsche schon jetzt geneigtest Rechnung tragen zu wollen. Eine Empfangsbestätigung und Danksagung für die Ueberweisung wird dem hochwohllöblichen Vorstand nach Rückkehr des Herrn Directors Pabst übermittelt werden.
In vorzüglicher Hochachtung
Ganz ergebenst
Otto Schulze.[121]

Nordtor der römischen Stadtmauer

Beim Abbruch der Domherrenhäuser stieß man auch auf Mauerreste aus römischer Zeit. In den Jahren 1892 und 1893 gab es einen Briefwechsel zwischen dem Kölner Oberbürgermeister und dem preußischen Regierungspräsidenten, was mit den römischen Mauerresten, insbesondere dem *römischen Nordthor* geschehen sollte.[122]

Am 25. Oktober 1897 schrieb der Kölner Oberbürgermeister: *Nachdem der Bogen des früheren römischen Nordthores, Porta Paphia genannt, gemäß allerhöchster Anordnung von dem bisherigen Standorte entfernt und in die westlichen Gartenanlagen des Museums Wallraf-Richartz überführt worden ist, erübrigt noch der Abbruch der übrigen Mauerreste bis zum Straßenniveau, welcher dem Verwaltungsausschuß des Central-Dombauvereins obliegt. Ich gestatte mir demnach um die baldgefällige Erklärung ergebenst zu ersuchen, daß wohlderselbe mit der Ausführung dieser Arbeit durch die Stadt gegen Zahlung einer noch zu veranschlagenden Summa für Rechnung des Central-Dombauvereins einverstanden ist. Die Ausführung durch die Stadt wird deshalb als zweckmäßig erachtet, weil, falls die Stadtverordneten-Versammlung noch beschließen sollte kleinere Ausgrabungen zu wissenschaftlichen Zwecken vornehmen zu lassen, sonst verschiedene Arbeitskräfte an derselben Arbeitsstelle thätig sein würden was nicht im Interesse der Sache liegen dürfte.*[123]

Der Zentral-Dombau-Verein beteiligte sich mit 500 Mark an den Kosten zur Beseitigung des alten Mauerwerks neben der *Porta Paphia*. Die Arbeiten wurden vom Tiefbauamt der Stadt ausgeführt.[124]

121. DBA Köln, Bestand ZDV, Tit. XIId, 3, o. S.
122. DBA Köln, Bestand ZDV, Tit. XIIa, 3, o. S.
123. DBA Köln, Bestand ZDV, Tit. XIIc, 2, o. S.
124. Schreiben des Oberbürgermeisters vom 9. November 1897: DBA Köln, Bestand ZDV, Tit. XIIc, 2, o. S.

Die aus den Mitteln des Zentral-Dombau-Vereins für die Domfreilegung angekauften Grundstücke

In dieser Aufstellung[125] aus den Akten des Zentral-Dombau-Vereins werden nur die Gebäude und Grundstücke genannt, die von den drei Freilegungsphasen betroffen sind, an denen der Verein maßgeblich beteiligt war. Die in dem Vertrag von 1863 genannten Gebäude erscheinen hier nicht, da hier die Stadt Köln, das Domkapitel und zwei private Firmen beteiligt waren.

Die engere Freilegung des Domes (1884–1886)	1. Domkloster 5 und 7 Flur 30, Parzelle 408/10 Eigentümer: Domkapitel Flächeninhalt: 1.239 qm (erworben am 28. November 1885)[126]	616.000	Mark
	2. Domkloster 9[127] Flur 30, Parzelle 11 Eigentümer: Domkapitel Flächeninhalt: 167 qm (erworben am 28. November 1885)	100.200	Mark
	3. Teilgrundstück Domkloster 6[128] Flur 30 Parzelle 356/14 Eigentümer: Erben Seelig Flächeninhalt: 96,50 qm (erworben am 23. März 1886)	38.500	Mark
	4. Domkloster 8 (Dom-Mädchenschule) Eigentümer: Stadt Köln unentgeltlich überwiesen		
	5. Domhof 13[129] Eigentümer: Catharina Grahs, Witwe von Peter Gustav Schaeben Flächeninhalt: 78,90 qm (erworben am 29. Dezember 1886)	52.250	Mark

6. Domhof 13- und 15[130] Eigentümer: Witwe Schaeben Flächeninhalt: 165 qm (erworben am 29. Dezember 1886)	119.000	Mark
7. Domhof 17[131] Eigentümer: Witwe Schaeben Flächeninhalt: 40 qm (erworben am 29. Dezember 1886)	49.000	Mark
	974.950	**Mark**

Die ausgedehntere Freilegung des Domes (1885–1891)

1. Restgrundstück Domkloster 6[132] Eigentümer: Erben Seelig Flächeninhalt: 528 qm (erworben am 18. Juli 1887)	187.494,21	Mark
2. Am Hof 7[133] Flur 30, Parzelle 46 Eigentümer: Barbier und Friseur Wilhelm Völkenrath Flächeninhalt: 119 qm (erworben am 8. November 1887)	96.000	Mark
3. Am Hof 9, 11 und 13[134] Eigentümer: Strohhutfabrikant Louis Lefrère Flächeninhalt: 206 qm (erworben am 16. August 1887)	131.000	Mark
4. Am Hof 15[135] (Likörgeschäft)[136] Flur 30, Parzelle 311/48 Eigentümer: Bäckermeister Friedrich Mostert Flächeninhalt: 82 qm (erworben am 8. November 1887)	108.000	Mark
5. Am Hof 17[137] Flur 30, Parzelle 49 Eigentümer: Elisabeth Friedberg, Witwe von Andreas Borchart Flächeninhalt: 65 qm (erworben am 8. November 1887)	66.000	Mark
6. Domhof 2–3 (Gasthof, die so genannte Hacht) Flur 30, Parzelle 332/81[138] Eigentümer: Kaufmann Johann Baptist Greven Flächeninhalt: 262 qm (erworben am 19. August 1892)[139]	248.303,67	Mark

7. Terrainstreifen am Domhof Eigentümer: Witwe Schaeben Flächeninhalt: 21,4 qm	14.980	Mark
8. Domhof 5, 7, 9, 9a, 11 und Domhof 1 (unter dem Hachtbogen) (Domhotel)[140] Eigentümer: Erben Metz Flächeninhalt: 1.117,8 qm (erworben am 6. Februar 1890)	1.044.397	Mark
	1.896.174,88	**Mark**

In der Auflistung ist das Grundstück Am Hof 5 nicht aufgeführt, da es zu den Grundstücken gehörte, die mit den Erben Metz getauscht wurden. Deswegen sind seine Kosten mit denjenigen für die Grundstücke des Domhotels verrechnet worden.[141]

Die Freilegung des Domes nach Westen hin (1886–1902)

1. Unter Fettenhennen 15[142] Eigentümer: Erben Johann Jakob Merlo Flächeninhalt: 350 qm (erworben am 4. April 1891)	218.000	Mark
2. Unter Fettenhennen 17 und Margarethenkloster 2[143] Eigentümer: Gastwirt Karl Peter Antweiler Flächeninhalt: 860,6 qm (erworben 1896)	721.896,12	Mark
3. Margarethenkloster 4 und 6[144] Eigentümer: Domkapitel Flächeninhalt: 188,4 qm (erworben am 17. September 1895)	65.000	Mark
4. Burgmauer 1[145] Eigentümer: Kirche St. Maria in der Kupfergasse Flächeninhalt: 62,2 qm (erworben am 17. September 1895)	23.500	Mark
5. Burgmauer 3, 3- und Margarethenkloster 8 (Hotel Fischer)[146] Eigentümer: Gastwirt Heinrich Fischer Flächeninhalt: 255 qm (erworben 1896)	271.552,50	Mark
6. Domkloster 3a[147] Flur 30, Parzelle 9 Eigentümer: Kölnischwasserfabrikant Josef Anton Neumann Flächeninhalt: 37 qm (erworben am 5. Januar 1897)	110.108,09	Mark

7. Unter Fettenhennen 6[148]		
Flur 30, Parzelle 4		
Eigentümer: Witwe Peter Roosen		
Flächeninhalt: 76 qm	96.789,12	Mark
(erworben am 5. Januar 1897)		
8. Unter Fettenhennen 8[149]		
Flur 30, Parzelle 5		
Eigentümer: Domkapitel		
Flächeninhalt: 255,9 qm	509.156,43	Mark
(erworben am 5. Januar 1897)		
9. Unter Fettenhennen 13[150]		
Flur 30, Parzelle 5		
Eigentümer: Rentner Peter Heinrich Rommerskirchen, Witwe Karl Praessar, geb. Maria Bellinghaus		
Flächeninhalt: 255 qm	94.720	Mark
(erworben am 5. Januar 1897)		
10. Teilgrundstück Margarethenkloster 1		
Eigentümer: Thurn		
Flächeninhalt: 3 qm	750	Mark
	2.111.472,26	**Mark**

Zusammenstellung[151]

Engere Freilegung des Domes	974.950	Mark
Ausgedehntere Freilegung des Domes	1.896.174,88	Mark
Freilegung des Domes nach Westen hin	2.111.472,26	Mark
	4.982.597,14	**Mark**

125. Aufstellung: DBA Köln, LR, 712.
126. DBA Köln, Bestand ZDV, Tit. XIIa, 3, o. S.
127. Die Entschädigung zahlte nach einer Genehmigung der preußischen Regierung der ZDV. DBA Köln, Bestand ZDV, Tit. XIIa, 3, o. S.
128. Abschrift des Kaufvertrages: DBA Köln, Bestand ZDV, Tit. XIIa, 2, o. S.
129. Abschrift des Kaufvertrages für die drei Grundstücke der Witwe Schaeben, Domhof 13–17: DBA Köln, Bestand ZDV, Tit. XIIa, 3, o. S.
130. Vgl. Anm. 120.
131. Vgl. Anm. 120.
132. Kaufvertrag: DBA Köln, Bestand ZDV, B176.
133. Kaufvertrag: DBA Köln, Bestand ZDV, B182. Kopie: DBA Köln, Bestand ZDV, Tit. XIIb, 2, o. S.
134. Kaufvertrag: DBA Köln, Bestand ZDV, B172. Kopie: DBA Köln, Bestand ZDV, Tit. XIIb, 1, o. S.
135. Kopie des Kaufvertrags: DBA Köln, Bestand ZDV, Tit. XIIb, 2, o. S. Quittung für den Erhalt der Kaufsumme: DBA Köln, Bestand ZDV, B178 (9. Februar 1888).
136. In einem Brief vom 1. April 1883 berichtet der Eigentümer Friedrich Mostert von einem gut gehenden Likörgeschäft in diesem Hause. DBA Köln, Bestand ZDV, Tit. XIId, 1, o. S.
137. Kaufvertrag: DBA Köln, Bestand ZDV, B168. Kopie: DBA Köln, Bestand ZDV Tit. XIIb, 2.
138. DBA Köln, Bestand ZDV, Tit. XIIb, 3.
139. DBA Köln, Bestand ZDV, Tit. XIIb, 4, o. S.
140. Umfangreicher Kauf- und Tauschvertrag: DBA Köln, Bestand ZDV, B183.
141. Am Hof 5, Flur 30, Parzelle 348, Eigentümer: Königlich Preußischer Steuerfiskus, Flächeninhalt: 1.121 qm, erworben am 21. März 1888 für 448.400 Mark. Kaufvertrag: DBA Köln, Bestand ZDV, B174 (In der Auflistung DBA, LR, 712 ist dieses Grundstück nicht aufgeführt).
142. Kaufvertrag: DBA Köln, Bestand ZDV, B177.
143. Zu dem komplizierten Enteignungs- und Entschädigungsverfahren: DBA Köln, Bestand ZDV, Tit. XIIc, 1–2.
144. Verhandlungen des Enteignungsverfahrens: DBA Köln, Bestand ZDV, Tit. XIIc, 1, o. S.
145. Vgl. Anm. 131.
146. Das Enteignungs- und Entschädigungsverfahren war kompliziert und wurde deswegen von den anderen Verfahren abgetrennt. DBA Köln, Bestand ZDV, Tit. XIIc, 1–2.
147. DBA Köln, Bestand ZDV, Tit. XIIc, 2, o. S.
148. DBA Köln, Bestand ZDV, Tit. XIIc, 2, o. S.
149. DBA Köln, Bestand ZDV, Tit. XIIc, 2, o. S.
150. DBA Köln, Bestand ZDV, Tit. XIIc, 2, o. S.
151. DBA Köln, LR, 712.
152. AEK, MK 550.

Quellen aus dem Historischen Archiv des Erzbistums Köln

Schreiben des Dombaumeisters Richard Voigtel an das Domkapitel vom 20. Februar 1862[152]

Einem Hochwürdigen Metropolitan Dom-Kapitel beehre ich mich auf das gefällige Schreiben vom 5. Februar ganz ergebenst zu erwidern, daß Verhandlungen respective Ausarbeitungen von Plänen über die den Domhügel begrenzende Abschlußmauer an der Ostseite und Nordseite des Domes bisher nicht statt gefunden haben, da die Anlage derselben zuvor die Erwerbung von Terrain bedingt, das zur Zeit unbeschränktes Eigenthum der Cöln-Mindener-Eisenbahn-Gesellschaft, der Schulstiftung und der Versicherungs-Gesellschaft Colonia ist.

Nach Rückgabe des unter'm 4. Februar 1849 von der städtischen Verwaltung gegen Widerruf überlassenen Terrains an der Ostseite des Domes, das bis zum Jahre 1859 als Zimmerplatz für den Dombau in Benutzung war, erschien der Abschluß des Dom-Werkplatzes gegen Osten durch eine Futtermauer nothwendig, und ist hierzu das nöthige Steinmaterial zu den Fundamenten, so wie zur theilweisen Aufführung der Mauer selbst, von der Dombau-Verwaltung in den Jahren 1860/61 im Voraus beschafft worden.

Die beabsichtigte Anlage einer Abschlußmauer konnte sich selbstredend nur auf das Terrain beschränken, welches innerhalb der Grenzen des bisher als Dom-Zimmerplatz benutzten Raumes lag, da ein umfassender Plan die Regelung der Umgebungen des Domes, zuvor den Besitz der Grundstücke bedingt, die ganz oder theilweise mit in die Anlage fallen.

Nachdem gemäß Schreibens eines hochwürdigen Metropolitan-Dom-Kapitels vom 7. August 1860 respective 3. September 1861, die Ausführung einer Abschlußmauer an der Ostseite des Domes bis zur definitiven Regulirung der Eigenthumsfrage suspendirt ist, hat sich die Dombau-Verwaltung veranlasst gesehen, sowohl die Ausarbeitung eines generellen Planes so wie die Beschaffung von Material zu sistiren.

Dem Vernehmen nach beabsichtigt die Versicherungs-Gesellschaft Colonia so wie die Cöln-Mindener Eisenbahn die an der Nordostseite des Domes gelegenen Gebäude noch in diesem Jahre, behufs völliger Freilegung des Domes ohne Entgelt niederzulegen, dergleichen lassen die Bemühungen der städtischen Behörden zur Erwerbung des Schulstiftungs-Gebäudes einen günstigen Erfolg hoffen, wenngleich von Seiten der Stadt hierzu namhafte Geldopfer zu bringen sein werden. Es bleibt mithin voraussichtlich nur das frühere Dom-Pastorats-Gebäude auf der Litsch zu beseitigen, um demnach einen umfassenden Plan über die Anlage der den Domhügel begrenzenden Futtermauern, so wie der zum Dome führenden Treppenanlagen aufstellen zu können, und wird die Dombau-Verwaltung demnächst nicht versuchen, die genauen Abmessungen der Abschlußmauern unter Angabe der Eigenthumsgrenzen, insoweit dieselben aus den diesseitigen Acten ersichtlich sind, einem hochwürdigen Metropolitan-Dom-Kapitel zur Genehmigung ganz ergebenst vorzulegen.

Bei dem gesteigerten Verkehre in der Umgebung des Domes durch Anlage des Central-Bahnhofes, hat die städtische Verwaltung um Beseitigung der bisher als Bildhauer-Atelier benutzten Bauhütte auf dem Domkloster dringend nachgesucht und steht diesem Ansuchen kein wesentliches Hemmnis entgegen, insofern nicht zuvor über das Eigenthum des Terrains auf dem das Bildhauer-Atelier errichtet ist, Verhandlungen einzuleiten sind, deren Erledigung vor Abbruch der Bauhütte auf dem Domkloster abzuwarten wäre.

Schreiben des Direktors der Köln-Mindener Eisenbahn-Gesellschaft, Wittgenstein, an den Kölner Oberbürgermeister Stupp vom 22. März 1863[153]

Auf das geehrte Schreiben vom 10. des Monats erwiedern wir ergebenst, daß der Abbruch des Hauses No 8 in der Trankgasse und die Disponibelstellung der Grundfläche desselben zur Ausführung des Projektes zur Freistellung des Domes und zur würdigen Gestaltung der Umgebung desselben von unserer Seite keine weiteren Schwierigkeiten hat, dabei auch von uns keine anderen Bedingungen gestellt werden, als daß wie es auch beabsichtigt wird, zugleich die Gebäulichkeiten der Colonia und der Domverwaltung an der südlichen Seite der Trankgasse und an der Ecke der Litsch, sowie das Verwaltungsgebäude des Gymnasial- und Stiftungsfonds auf dem Domhofe weggeräumt werden und somit die ganze Umgebung des Domes eine würdige Gestaltung erhalte und die Gefahr der Wiederaufrichtung von Gebäulichkeiten auf den fraglichen Grundflächen für alle Zeiten beseitigt werde.

Was die Zeit des Abbruchs unseres Hauses betrifft, so wollen wir uns verpflichten, dasselbe zugleich mit dem Hause der Feuerversicherungsgesellschaft Colonia Trankgasse No 6 niederzulegen.

Schreiben des Direktors der Feuerversicherungsgesellschaft Colonia, Mussard, an den Kölner Oberbürgermeister Stupp vom 23. März 1863[154]

Auf das geehrte Schreiben vom 10. des Monats erwidern wir ergebenst, daß der Verwaltungsrath der Feuer-Versicherungs-Gesellschaft Colonia auf Grund der ihm in der General-Versammlung vom 5. April des Jahres zugetheilten Ermächtigung den Beschluß gefaßt hat, die Grundfläche des jetzigen Geschäftslokals Trankgasse No 6 zur Freistellung des Domes unentgeldlich abzutreten und keine anderen Bedingungen zu stellen, als welche den Zweck haben, die Freistellung des großartigen Bauwerks auf allen Seiten und eine angemessene Regulirung der Umgebung baldthunlichst herbei zu führen und für alle Zukunft zu sichern.

Die in diesem Sinne gestellten Bedingungen würden folgende sein:

1. *die ganze Grundfläche des Hauses Trankgasse No 6 nach Abbruch sämmtlicher Gebäulichkeiten wird der Stadt Cöln unentgeldlich zur Verfügung gestellt respective in's Eigenthum übertragen um nach Maßgabe des für die Freistellung des Domes aufgestellten respective aufzustellenden Plans, sei es als freier Straßenraum, sei es als Schutz- oder Schmuck-Anlage für alle Zukunft benutzt zu werden.*
2. *Gebäulichkeiten dürfen auf derselben zu keiner Zeit aufgerichtet werden und wird der Feuer-Versicherungs-Gesellschaft Colonia respective deren Rechtsnachfolgern die Aufhebung des Vertrages respective die Wiedereinsetzung in ihren früheren Besitzstand vorbehalten, wenn dieser Bedingung in irgend einer Zeit nicht entsprochen werden sollte.*
3. *die im vorhergehenden Artikel ausgesprochene Beschränkung fällt in soweit fort, als bei dem bevorstehenden Wiederherstellungsbau des anschließenden Sakristei-Gebäudes ein Theil der Grundfläche des jetzigen Hofraumes für einen in Form und Umfang geänderten Umbau der Sakristei nach einem von den zuständigen Behörden aufgestellten und von der Stadt Köln gebilligten Projekte erfordert werden sollte.*
4. *die Ueberlieferung der an 1 bezeichneten Grundfläche an die Stadt Cöln erfolgt 4 Monate nach der Uebersiedelung der Bureaux der Feuer-Versicherungs-Gesellschaft in das neue Dienstlokal derselben unter Sachsenhausen No 22, 24, 26 welche voraussichtlich und wenn nicht ganz unvorgesehene Ereignisse eintreten werden noch im Laufe des Jahres 1863 statt finden wird.*
5. *die Ueberlieferung an die Stadt erfolgt jedoch nicht eher, als wenn auch die an der südlichen Seite der Trankgasse vor dem Dome gelegenen Gebäulichkeiten der Köln-Mindener Eisenbahn-Gesellschaft und der Domkirchen-Verwaltung, namentlich der sogenannte Domkeller, das alte Kapitelhaus, die Bauhütte, die alte Treppe, die ehemalige Dompfarrerwohnung (an der Ecke zur Litsch, so wie auch das am Domhof)[155] gelegene Gebäude der Schulverwaltung mit Zubehör zum Abbruch kommen können, und deren Grundflächen zugleich mit den jetzt mit Brettern abgeschlossenen Räumen vor der Ostseite des Domes zu gleichem Zwecke verfügbar gestellt und ohne weiteren Aufschub als freier Straßenraum oder als Schutz- und Schmuck-Anlage in Ausführung des allgemeinen Freistellungsplanes herangezogen und der allgemeinen Benutzung überwiesen werden können.*

6. *Vorausgesetzt wird, daß innerhalb längstens 3 Jahren nach der Ueberweisung auch die Bauhütten auf dem Domhofe beseitigt, und der Domhof zugleich mit der übrigen Umgebung des Domes in harmonischer und das ästhetische Gefühl befriedigender Weise regulirt werde.*
7. *die Feuerversicherungs-Gesellschaft Colonia erklärt sich an diese Offerte für die ganze Dauer des Jahres 1863 gebunden, zieht diese Offerte jedoch zurück, wenn ein alle Theile umfassendes Uebereinkommen im Sinne der vorstehend artikulirten Bedingungen am 31. Dezember 1863 nicht zu stande gekommen sein sollte.*

Indem wir Euer Hochwohlgeboren diese Mittheilung zu machen uns beehren zeigen wir es Ihnen zugleich an, daß der Vorsitzende unseres Verwaltungs-Raths, Herr Präsident von Wittgenstein, bereit sein wird, an den Besprechungen theil zu nehmen, welche Sie im Interesse der Sache für zweckmäßig halten sollten.

Vertrag zwischen dem Domkapitel, der Feuerversicherungsgesellschaft Colonia und der Köln-Mindener Eisenbahn-Gesellschaft zur Freilegung der unmittelbaren Umgebung des Kölner Domes und zur Schaffung des Domumgangs vom 23. Dezember 1863[156]

Um dem Dome zu Köln, dessen innerer Ausbau in diesem Jahre durch die erfolgreichen Anstrengungen vereinter Kräfte der Vollendung nahe gebracht worden ist, auch eine würdige Umgebung zu verschaffen und zu erhalten haben das Metropolitan Dom-Kapitel zu Köln, vertreten durch den Dom-Kapitular Dr. Frenken, die Direktion der Feuerversicherungs-Gesellschaft Colonia zu Köln, vertreten durch den Vorsitzenden des Verwaltungsrathes, Präsidenten von Wittgenstein, die Direktion der Köln-Mindener Eisenbahn-Gesellschaft zu Köln, vertreten durch den Vorsitzenden, den ebengenannten Präsidenten von Wittgenstein, der Verwaltungsrath der Gymnasialfonds und Studien-Stiftungen zu Köln, vertreten durch seinen Dirigenten, den Königlichen Ober-Regierunsrath Birck und die Stadt Köln, vertreten in Verhinderung des Oberbürgermeisters durch den ersten Beigeordneten Johann Jacob Rennen, letzterer handelnd in Gemäßheit der abschriftlich beigefügten Beschlüsse der Stadtverordneten-Versammlung von Köln vom zehnten und sechszehnten dieses Monats, sich zur Freistellung des Domes durch den Abbruch der zwischen demselben und den zunächst gelegenen Straßen und öffentlichen Plätzen befindlichen Gebäulichkeiten und zur Freistellung der zu denselben gehörigen Baustellen und Grundstücke vereinbart und darüber folgenden Vertrag abgeschlossen:

1. *der Dom soll auf der Westseite an den Domkloster-Platz und an die Straße genannt die Litsch anstoßen, auf der Nordseite, auf der Ostseite und auf der Südseite bis zum Südportal und durch einen freiliegenden Umgang von der Trankgasse, dem Frankenplatz, der großen Sporergasse und von dem Domhofe getrennt sein und vom Südportal an (einschließlich desselben) bis zu seiner westlichen Begrenzung am Domhofe, dem Domhofsgäßchen und dem Domklosterplatz frei liegen.*
   Jedoch kann an den freiliegenden Stellen der Raum zwischen je zwei Strebepfeilern durch ein leichtes Gitter zwischen den Ecken der letzteren abgeschlossen werden.
2. *Die Breite des eben erwähnten freien Umganges wird in der Trankgasse zunächst bestimmt durch die Treppenanlage vor dem Nordportale. Der Fuß der an der Trankgasse vor dem letzeren zu errichtenden Futtermauer bildet eine gerade Linie, welche sich der Axe des Domes parallel nach dem anliegenden von allen Komparanten paraphirten Situationsplanes in einem Abstande von neun und dreißig Fuß von der Sockelfläche des äußersten Vorsprunges der Nordportal-Strebepfeiler hinzieht und im Ganzen zweihundert acht Fuß, zu jeder Seite der Mittellinie des Nordportales einhundert vier Fuß lang ist.*
   Sowohl an dem westlichen, als an dem östlichen Ende dieser geraden Linie tritt der Fuß des Umgangs hinter die Verlängerung derselben und die Breite der dort beiderseits von der Trankgasse aus auf die Hochebene des Umgangs hinaufführenden verschließbaren Treppen näher an den Dom hinan, geht nach Westen einhundert Fuß mit seiner ersten Richtung parallel in gerader Linie voran und schließt sich dort mit einem Bogen von fünfzig Fuß Halbmesser an den nördlichen Thurm, fünf Fuß hinter der an die Litsch stoßenden nordwestlichen Ecke desselben.
   Nach Osten geht der Fuß des Umgangs, nachdem er um die Treppenbreite näher an den Dom verlegt ist, fünf und

153. AEK, MK 550.
154. AEK, MK 550.
155. Text in Klammern wurde nachträglich hinzugefügt.
156. AEK, MK 551.

fünfzig Fuß lang mit seiner ursprünglichen Richtung parallel weiter, nähert sich alsdann in der auf dem Situationsplane angegebenen gebrochenen Linie dem Hochchor des Domes und umgibt das letzere in einem Abstande von ein und vierzig Fuß von dem Sockel des Domes, übereinstimmend mit dem gegenwärtigen Abstande des Fußes der vorhandenen Erdböschung und setzt sich von dem südwestlichen Ende des Chores in einer geraden zur Axe des Domes parallelen Linie fort bis zum Südportale, an dessen Ostseite er sich anschließt.

3. *die Oberfläche des Umganges, welche sich an der Litsch zunächst dem Dom an diese Straße anschließt wird in dem Garten des bisherigen Dom-Pfarrhauses um mehrere Fuß, je nach den Erfordernissen des Baus, niedriger gelegt und bildet mit Ausnahme der Treppen-Anlagen, der Dom-Sakristei und des Domkapitelhauses von der Litsch bis zum Ende des Chors auf dem Domhofe eine horizontale Ebene, deren Höhenlage durch die eben erwähnte Abtragung bedingt wird; von dem südwestlichen Ende des Chores ab wird der Umgang sich allmälig in das Terrain des Domhofes verlaufen.*
4. *Begrenzt wird der Umgang an der Litsch zunächst dem Dome durch ein mit verschließbaren Thüren versehenes Gitter, im ferneren Verlaufe der Litsch, sodann gegen die Trankgasse, den Frankenplatz, die große Sporergasse und den Domhof bis an den südwestlichen Abschluß des Hochchors durch eine senkrechte Futtermauer, die vor dem Nordportale bis zur Oberfläche des Umgangs und über derselben so hoch, wie es zum Schutze der Kirchengänger nöthig ist, auf den übrigen Strecken aber sechs bis acht Fuß hoch aufgeführt werden soll, worauf zur besseren Hervorhebung des Domes bis zur Oberfläche des Umgangs eine Erdböschung folgt, die mit einer Schutzvorrichtung versehen wird. Zunächst der Ostseite des Südportals erfolgt der Abschluß wieder durch ein Gitter.*
5. *Zum größeren Schmuck der Anlage wird indessen vorbehalten, vor dem Scheitel des Umganges in der Axe des Domes auf dem Frankenplatze einen Vorsprung bestehend aus einem Halbkreise von dreißig Fuß Halbmesser mit einer verschließbaren Treppe zu jeder Seite anzulegen, und alle Betheiligten sind damit einverstanden, daß die Einzelheiten dieser Anlage gemäß einer Uebereinkunft des Hochwürdigen Domkapitels und der städtischen Verwaltung nach vorher eingeholtem Beirathe Sachverständiger festgestellt und ausgeführt werden sollen.*
6. *Zur Durchführung dieses Planes verpflichtet sich das Dom-Kapitel das bisherige Dom-Pfarrhaus auf der Ecke der Litsch und der Trankgasse, sodann die Aufseher-Wohnung und das sogenannte alte Archiv östlich von dem Zugange zum Nord-Portal nebst der alten Treppe und dem Vorbau des Dom-Kellers von der Trankgasse bis zur Grenze des Umganges, die Direktion der Kölnischen Feuerversicherungsgesellschaft Colonia sämmtliche Gebäulichkeiten des Hauses Trankgasse Nummer sechs, die Direktion der Köln-Mindener Eisenbahn-Gesellschaft die Gebäulichkeiten des Hauses Trankgasse Nummer acht, und die Verwaltung der Gymnasialfonds und Studien-Stiftungen beziehungsweise die Stadt Cöln sämmtliche Gebäulichkeiten des auf dem Domhofe gelegenen mit Nummer Fünfundvierzig bezeichneten Verwaltungs-Gebäudes abbrechen und bis zur Terrainhöhe niederlegen zu lassen.*
7. *Zur näheren Bezeichnung dieser Gebäude und ihrer Zugehörigkeiten wird bemerkt, daß dieselben im Kataster in der städtischen Flur XXX unter folgenden Ziffern und Maaßen aufgeführt sind:*
   Das Dompfarrhaus, Parzelle 100, Trankgasse Nummer vier, groß fünfundfünfzig Ruthen zweiundfünfzig Fuß.
   Ebendaselbst Parzelle 101, Garten, groß dreiundsiebenzig Ruthen dreiundneunzig Fuß.
   Aufseher-Wohnung, Parzelle 102 auf der Domtreppe, Hausfläche sechs Ruthen zwölf Fuß.
   Domkeller, Parzelle 103, Trankgasse Nummer vier mit einem Striche, groß vierzehn Ruthen, dreiundsiebenzig Fuß.
   Haus Trankgasse Nummer sechs, Parzelle 104 groß fünfundsechszig Ruthen, neunzig Fuß.
   Haus Trankgasse Nummer acht, Parzelle 392/106, groß zweiunddreißig Ruthen, achtundneunzig Fuß, nebst Parzelle 391/106, sechsundvierzig Fuß und Parzelle 390/108 fünfundvierzig Ruthen siebenundneunzig Fuß freier Platz.
   Und endlich das Schulverwaltungs-Gebäude auf dem Domhofe Nummer fünfundvierzig als Gebäude mit Binnenhof unter Parzelle 83 groß vierundsiebenzig Ruthen ein Fuß, der Garten Parzelle 82 mit vierundsechszig Ruthen zweiundvierzig Fuß und der Werkplatz auf der Westseite des Gebäudes unter Parzelle 393/81 mit einhundertneununddreißig Ruthen zwanzig Fuß.
8. *der in den vorstehenden Artikeln erwähnte vor dem Dom herzustellende Umgang wird in seiner ganzen Ausdehnung dem Dome als sein Eigenthum belassen beziehungsweise übergeben. Jedoch soll derselbe während des ganzen Tages von Morgens früh bei Oeffnung der Domkirche bis eine halbe Stunde nach Sonnenuntergang der freien und ungehinderten Benutzung des Publikums zum Ein- und Ausgange und zum Verweilen daselbst wie auf irgend einem anderen öffentlichen Platze jedoch mit Ausschluß des Reitens und Fahrens, zugänglich gemacht werden und an den Stellen der*

Treppen Anlagen und Gitter geöffnet sein. Damit soll eine vorübergehende oder theilweise Sperrung, wenn dieselbe von dem Dom-Kapitel und der Stadt übereinstimmend für angemessen erachtet wird, nicht ausgeschlossen sein.

Alle außerhalb des Umganges vor dem Fuße desselben gelegenen Theile der vorerwähnten Grundstücke werden der Stadt Köln überwiesen für Zwecke des öffentlichen Verkehrs.

9. *Gebäulichkeiten oder Ueberdachungen irgendeiner Art mit der sogleich zu erwähnenden alleinigen Ausnahme, dürfen auf dem Umgange nicht errichtet werden, vielmehr soll die Luftsäule auf dem ganzen Umgange jederzeit frei bleiben. Ebenso wenig ist es gestattet, auf den übrigen Theilen der im Artikel sieben erwähnten Grundstücke Gebäulichkeiten zu errichten.*

10. *Allen Betheiligten, beziehungsweise ihren Rechtsnachfolgern bleibt die Aufhebung dieses Vertrages und die Wiedereinsetzung in ihren früheren Besitzstand vorbehalten, wenn den in den beiden vorstehenden Artikeln acht und neun enthaltenen Bedingungen zu irgend einer Zeit nicht entsprochen werden sollte. Die beiden mitcontrahirenden Gesellschaften übertragen für den Fall, daß sie oder eine unter ihnen aufgelöst sein möchte, ihre aus dieser Bestimmung hervorgehenden Rechte hiermit der Stadt Köln.*

11. *Innerhalb der Einfriedigung des Umganges soll indessen nicht allein das vorhandene Sakristeigebäude erhalten und in angemessener Weise hergestellt werden können, sondern dem Hochwürdigen Dom-Kapitel auch anheim gegeben sein, an der Ostseite derselben ein Kapitelhaus zu errichten, mit der Maaßgabe, daß die nördliche Flucht desselben über der Fluchtlinie der Nordseite der Sakristei nicht heraustrete und daß die Länge des Hauses von der Ostwand der Sakristei abgerechnet zweiundvierzig Fuß nicht überschreite, so daß der Umgang auf der Nord- und Ostseite der Sakristei und des Kapitelhauses frei benutzt werden kann.*

Eine Veränderung dieser Ausdehnungen darf auch künftig ohne Zustimmung der städtischen Behörden nicht vorgenommen und Wohnungen mit Ausnahme derjenigen eines Wächters dürfen in diesem Gebäude nicht untergebracht werden. Auch der Dom-Keller soll lediglich als Niederlage benutzt werden.

12. *Die übrigen Theile des Umgangs um den Dom und ebenso alle außerhalb der Einfriedigung des Umganges liegenden Theile der Grundstücke welche in den vorstehenden Bestimmungen zur Freilegung des Domes überwiesen sind, dürfen nur zu Wegen und Straßen und zu Schutz und Schmuck-Anlagen benutzt werden.*

Die Stadt Köln verpflichtet sich, die Straßen und Anlagen außerhalb des Umgangs einzurichten, unter ihre öffentlichen Straßen und Anlagen aufzunehmen und als solche zu unterhalten; sie verpflichtet sich ebenfalls, die Wege und Anlagen innerhalb der Einfriedigung des Umgangs, nachdem dieser erhöhte Umgang in der vorbeschriebenen Weise nebst den dazu gehörigen Anlagen, ohne daß dadurch für die Stadt Ausgaben erwachsen, fertig gestellt sein werden, auf ihre Kosten gleich ihren eigenen Wegen und Anlagen zu unterhalten.

13. *Die Ueberweisung der Baustellen und Zugehörigkeiten, wie sie vorstehend erwähnt werden, erfolgt allseitig unentgeltlich.*

14. *dem Verwaltungsrath der Gymnasial-Fonds und Studienstiftungen wird jedoch für die Abtretung des Verwaltungsgebäudes auf dem Domhofe nebst Zubehör eine Vergütung gewährt. Dasselbe ist in Gemäßheit des Vertrages vom zweiundzwanzigsten September Achtzehnhundertachtundzwanzig gegen mehrere in demselben bezeichneten Theile des ehemaligen Jesuiten-Kollegium-Gebäudes, welches zum Gebrauche für die Höhern Schulanstalten der Stadt Köln überwiesen war, umgetauscht und besteht nach dem eben erwähnten Vertrage aus dem alten Seminar-Gebäude auf dem Domhofe Nummer fünfundvierzig nebst Garten, dem daranstoßenden Terrain, worauf vormals die St. Johannis-Kirche Nummer dreiundvierzig stand und ferner der Grundfläche, worauf früher die sieben Zinshäuser Numero sieben- und neunundvierzig, einundfünfzig, dreiundfünfzig, fünfundfünfzig und siebenundfünfzig, auf dem Domhofe und Nummer eilf der großen Sporergasse sich befanden, insofern dieselben nicht zur Erbreiterung des Domhofes und der großen Sporergasse schon früher abgetreten sind. Die oben erwähnte von der Stadt Köln an den Verwaltungsrath der Gymnasialfonds und Studienstiftungen zu entrichtende Vergütung beträgt zweiundfünfzigtausend Thaler, zahlbar in zwanzig Jahresbeträgen und verzinsbar mit vier vom Hundert jährlich. Diese Zahlung wird so vertheilt, daß die Summa der Abzahlung auf das Kapital und der Zinsen in jedem Jahre ungefähr die nämliche bleibt, und die Abschlagszahlung, wenn sie nicht zu Hunderten von Thalern bereits abgerundet ist, auf das dem rechnungsmäßigen Betrage nächste Hundert von Thalern abgerundet wird. Das Kapital tritt in allen Beziehungen an die Stelle des durch den oben erwähnten Vertrag veräußerten Theiles des ehemaligen Jesuiten-Collegiums beziehungsweise des jetzigen Verwaltungsgebäudes nebst Zubehör.*

15. die Niederlegung der Gebäulichkeiten und die Ueberweisung der Baustellen und Zugehörigkeiten in der vorbeschriebenen Art erfolgt gleichzeitig von allen Theilen im Laufe des Jahres Achtzehnhundertvierundsechszig.

16. Da das Hochwürdige Dom-Kapitel als Vertreter der Domfabrik auf einige in der Umgebung des Domes liegende Grundstücke, welche jetzt Theile öffentlicher Plätze bilden, Ansprüche erhoben hat, insbesondere auf die Stelle, wo früher das Haus des Dombaumeisters nebst Werkstätte und Bauhof gestanden, welche jetzt im Domklosterplatze liegen, sodann auf die Baustelle des ehemaligen von Geyr'schen Lager-Hauses am Domhofsgäßchen und auf die Baustelle der ehemaligen Kirche St. Maria ad Gradus, welche gegenwärtig in der Brückenrampe, dem Frankenplatze, der großen Sporergasse und vor dem Fuße der das Chor umgebenden Böschung liegt, so erklärt das Dom-Kapitel, damit die Freilegung des Domes auch in diesen Beziehungen nicht mehr in Zweifel gestellt werden könne, daß es Ansprüche irgend welcher Art auf diese oder auf andere Grundstücke, die außerhalb der Grenzen des Umgangs um den Dom gegenwärtig in dem Domklosterplatze, im Domhofsgäßchen, dem Domhofe, der großen Sporergasse, dem Frankenplatze und der Trankgasse liegen oder nach der Freistellung des Domes liegen werden, fortan nicht mehr erheben werden.

17. Zum Zwecke des Fortbau's und der baulichen Unterhaltung des Doms wird gestattet sein, auch auf der Westseite und auf dem von dem Umgange nicht umgebenen Theile der Südseite des Domes bis zu einem Abstande von zwanzig Fuß von dem letzteren auf den dem freien Verkehr angehörigen Theilen des Domklosterplatzes, des Domhofgäßchens und des Domhofes Baugerüste, wie sie von den zuständigen Behörden für den angegebenen Zweck als nöthig erachtet und dem Verkehr möglichst wenig hinderlich sein werden, aufzustellen.

18. Sämmtliche Betheiligten sind von der Voraussetzung ausgegangen, daß ihre Bemühungen um die Freilegung des Domes auf die möglichst baldige Befreiung des Domhofes und des Domhofgäßchens von den Hindernissen, welche dieselben jetzt verunstalten herbeiführen werden, und das Dom-Kapitel und die Stadt Köln verpflichten sich dahin zu wirken, daß die Umgebungen des Domes von den dort befindlichen Reißböden, Werkstätten, Steinniederlagen und sonstigen Einrichtungen für den Dombau, sobald wie möglich freigestellt werden und daß unter allen Umständen der Domhof bis zum Schlusse des Jahres Achtzehnhundertfünfundsechszig völlig geräumt werde.

19. Zu diesem Vertrage werden die erforderlichen Genehmigungen, insbesondere von Seiten des Dom-Kapitels diejenigen des Herrn Kardinal Erzbischofs von Köln, von Seiten des Verwaltungs-Rathes der Gymnasial-Fonds und Studienstiftungen die Genehmigung des Königlichen Provinzial-Schul-Collegiums zu Coblenz und von Seiten der Stadt Köln diejenige der Königlichen Regierung zu Köln, vorbehalten, jedoch mit der Maßgabe, daß wenn diese Genehmigungen nicht binnen acht Wochen, vom heutigen Tage an gerechnet erfolgt sein werden, die Partheien sich an diesen Vertrag nicht mehr gebunden erachten.

So geschehen zu Koln am 23sten Dezember Eintausendachthundertdreiundsechszig.

In fünffacher Ausfertigung, von denen jedem der Betheiligten eine verblieben ist, von den Eingangs genannten Anwesenden genehmigt und unterzeichnet.

Auszüge aus den im Dombauarchiv Köln überlieferten Verträgen

Domkloster 5 und 7

Cöln, den 12. April 1892: Nachdem auf die durch Beschluß der Königlichen Regierung vom 28. November 1885 [...] im Enteignungsfalle festgesetzten Entschädigungssumma von 616.000 Mark für die zur Durchführung der für die Straßen und Plätze in der Umgebung des hiesigen Domes festgesetzten Fluchtlinien erforderlichen Hausgrundstücke Domkloster No 5 und 7 dahier mit den aufstehenden Wohnhäusern, Hintergebäuden etc, jedoch mit Ausnahme der hinter dem früheren Hausgrundstücke Domkloster No 9 belegenen und bereits zum Entschädigungsbetrage von 128.250 Mark enteigneten Terrainstreifens der Restbetrag von 487.750 Mark aus Mitteln des Central-Dombau-Vereins an die hiesige Regierungs-Haupt Cassa eingezahlt worden, nachdem ferner die Königliche Regierung durch Beschluß vom 23. Februar 1892 [...] die sofortige Einweisung der Stadt Cöln in den Besitz der fraglichen Hausgrundstücke verfügt hat und letztere gemäß Mittheilung des Königlichen Kataster-Amtes I dahier vom 5. März 1892 in die Fortschreibungsprotokolle auf den Namen der Stadt eingeschrieben sind und danach die Berichtigung der Kataster bewirkt werden wird, und nachdem der Verwaltungsausschuß des Central-Dombau-Vereins den Abbruch der auf den gedachten Grundstücken stehenden Gebäulichkeiten in die Wege geleitet hat, übernimmt nach Maßgabe der Allerhöchsten Ordre vom 14. Juni 1882 der unterzeichnete Oberbürgermeister Namens der Stadt Cöln hiermit die Verpflichtung die Flächen der besagten Hausgrundstücke Domkloster No 5 und 7 zur Erweiterung des den Dom umgebenden freien Platzes gemäß dem festgestellten Fluchtlinienplan zu verwenden.[157]

Domkloster 9

Nachdem das Hausgrundstück Domkloster No 9 Parzelle Flur 30 No 11 des Grund- und Gebäudesteuer-Katasters, welches nach dem festgestellten Baufluchtlinienplane zur Freilegung des Domes bestimmt ist, nebst dem aufstehenden Hause erworben und nachdem ferner die dafür im Enteignungsverfahren festgesetzte Entschädigung beziehungsweise Kaufsumma von 100.200 Mark [...] aus Mitteln des Central-Dombau-Vereins gezahlt, auch der Abbruch des aufstehenden Hauses erfolgt ist, übernimmt nach Maßgabe der Allerhöchsten Ordre vom 14. Juni 1882 der unterzeichnete Oberbürgermeister namens der Stadtgemeinde Koeln hiermit die Verpflichtung, die Fläche des genannten Hausgrundstücks Domkloster No 9 zur Erweiterung des den Dom umgebenden Platzes zu verwenden [...].[158]

Terrainstreifen an den Domherrenhäusern

Nachdem durch Beschluß der Königlichen Regierung zu Köln vom 4. August 1890 [...] die Stadtgemeinde Köln in den sofortigen Besitz des hinter dem früheren Hausgrundstück Domkloster No 9 belegenen bisher zu den Domkurien Domkloster No 5 und 7 gehörigen Terrainstreifens, begrenzt durch die Verlängerung der östlichen Umfassungsmauer der

157. DBA Köln, Bestand ZDV, Tit. XIIa, 3, o. S.
158. 27. September 1889: DBA Köln, Bestand ZDV, Tit. XIIa, 3, o. S.

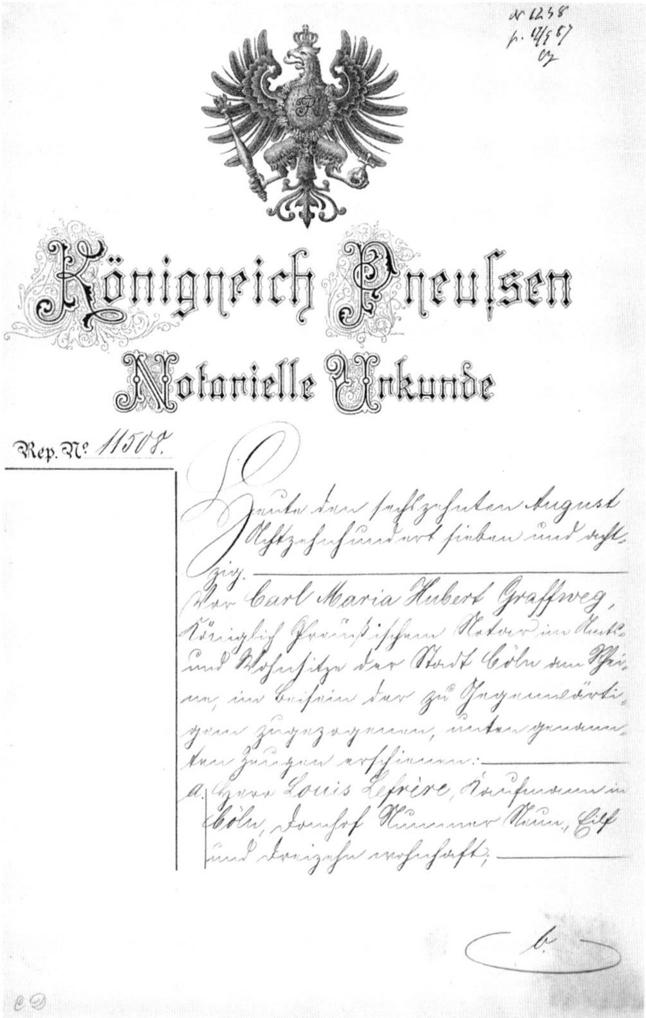
Königreich Preußen
Notarielle Urkunde
Rep. No 11508.

Abb. 53
Kaufvertrag für die Grundstücke Domhof 9, 11 und 13. DBA Köln, Bestand ZDV, B 172.

Domkurie No 7 bis zur Trankgasse, eingewiesen und nachdem die dafür festgestellte Entschädigung beziehungsweise Kaufsumma mit 128.250 Mark [...] aus den Mitteln des Central-Dombau-Vereins an die Königliche Regierungs-Hauptkasse zu Köln gezahlt worden ist, übernimmt nach Maßgabe der Allerhöchsten Ordre vom 14. Juni 1882 der unterzeichnete Oberbürgermeister namens der Stadtgemeinde Köln hiermit die Verpflichtung, den vorbezeichneten Terrainstreifen, welcher nunmehr als Flur 30 No 408/10 mit einem Flächeninhalte von 2 Ar 90 Quadratmeter [159]katastrirt ist, zur Erweiterung des den Dom umgebenden freien Platzes zu verwenden. Köln, den 14. Oktober 1890
Der Oberbürgermeister gez. Becker.[160]

Domkloster 6

Nachdem gemäß Akt des königlichen Notars Graffweg zu Koeln vom 23. März 1886 derjenige Theil des Grundstücks der Erben Josef Seelig, Domkloster No 6 dahier mit aufstehendem Gebäude erworben worden ist, welcher nach dem festgesetzten Baufluchtlinienplan zur Freilegung des Domes dienen soll, und nachdem ferner die dafür im Enteignungsverfahren festgestellte Entschädigung beziehungsweise Kaufsumme mit 38.500 Mark aus den Mitteln des Central-Dombau-Vereins gezahlt, auch das aufstehende Gebäude niedergelegt worden ist, übernimmt nach Maßgabe der Allerhöchsten Ordre vom 14. Juni 1882 der unterzeichnete Oberbürgermeister Namens der Stadtgemeinde Koeln hiermit die Verpflichtung, die Fläche des gedachten Theilgrundstücks welches nach den Fortschreibungs-Verhandlungen des Gemeindebezirks Koeln nunmehr unter Artikel 7384 der Mutterrolle der Stadtgemeinde Koeln Flur 30 Parzelle 356/14 mit einem Flächeninhalte von sechsundneunzig Quadratmeter aufgeführt ist, zur Erweiterung des den Dom umgebenden freien Platzes zu verwenden.
Koeln, den 14. Juli 1886. Der Oberbürgermeister, gez. Becker[161]

Am Hof 9, 11 und 13

[…] *Herr Louis Lefrère verkauft und überträgt hiermit volleigenthümlich an die Stadtgemeinde Cöln:*

Das zu Cöln am Hof gelegene, mit den Nummern Neun, Eilf und Dreizehn bezeichnete Wohnhaus nebst Hinterbau, den Gebäudeflächen, Hofraum und allem An- und Zubehör, eingetragen im Grundsteuer Kataster der Stadtgemeinde Cöln in Flur dreißig Nummer siebenundvierzig der Parzelle mit einem Flächeninhalte von zwei Ar sechs Quadratmeter. […] *Das Haus nebst Zubehörungen rührt her von den Eheleuten Anton Ludwig Lefrère, Strohhutfabrikant und Eugenie Maria Franziska geborene Delathuy zu Ehrenfeld.* […] *Der vereinbarte Kaufpreis beträgt Hundert ein und dreißigtausend Mark Reichswährung.*

[…] *Durch Allerhöchste Cabinetsordre vom vierzehnten Juni achtzehnhundert zweiundachtzig beziehungsweise auf Allerhöchster Ordre vom einundzwanzigsten August Achtzehnhundertfünfundachtzig sei dem Verwaltungs-Ausschusse des Central-Dombau-Vereins zu Cöln gestattet worden, auch in den Jahren Achtzehnhundert zweiundachtzig bis einschließlich achtzehnhundert achtundachtzig je eine Dombau-Prämien-Collecta nach Maßgabe des bisherigen Verloosungsplanes, jedoch lediglich zur Erwerbung der zur Freilegung des Domes anzukaufenden Grundstücke respective Gebäulichkeiten zu veranlassen.*

An diese Genehmigung sei die Bedingung geknüpft, daß das durch den Abbruch der Häuser freizulegende Terrain der Stadt Cöln unter der Verpflichtung zu überweisen ist, dasselbe zur Erweiterung des den Dom umgebenden freien Platzes zu verwenden sowie daß die Verträge über den Ankauf der Grundstücke Namens der Stadt von dem Oberbürgermeister abgeschlossen würden […].[162] (Abb. 53)

Am Hof 7

Verkäufer: *Herr Wilhelm Völkenrath, Barbier und Friseur, zu Cöln, am Hof Nummer Sieben wohnend.*
Käufer: *Herr Carl Thewalt, beigeordneter Bürgermeister der Stadt Cöln, zu Cöln wohnhaft, handelnd in Vertretung der Stadtgemeinde Cöln.*

[…] *Herr Wilhelm Völkenrath verkauft und überträgt hiermit volleigenthümlich an die Stadtgemeinde Cöln: Das zu Cöln am Hof gelegene, mit der Hausnummer Sieben bezeichnete Wohnhaus, nebst Gebäudefläche, Hofraum, Hausgarten und allem An- und Zubehör eingetragen im Grundsteuer-Kataster der Stadtgemeinde Cöln in Flur dreißig, Nummer sechsundvierzig der Parzelle, mit einem Flächeninhalte von fünfundfünfzig Quadratmeter und Nummer dreihundert neunundvierzig / fünfundvierzig mit einer Flächengröße von vierundsechzig Quadratmeter.* […] *Der vereinbarte Kaufpreis beträgt Sechsundneunzigtausend Mark Reichswährung.* […] *Der Herr Vertreter der Stadtgemeinde Cöln ließ sodann zur Klarstellung des Sachverhaltes Folgendes beurkunden:*

Durch Allerhöchste Cabinetsordre vom einundzwanzigsten August achtzehnhundert fünfundachtzig sei dem Verwaltungsausschusse des Central-Dombau-Vereins zu Cöln gestattet worden, auch in jedem der Jahre Achtzehnhundert fünfundachtzig, sechsundachtzig, siebenundachtzig und achtundachtzig eine Dombau-Lotterie nach Maaßgabe des bisherigen Verloosungsplanes, jedoch lediglich zur Erwerbung der zur Freilegung des Cölner Domes anzukaufenden Grundstücke beziehungsweise Gebäulichkeiten, zu veranstalten.

An diese Genehmigung sei, nach der in der Allerhöchsten Cabinetsordre vom vierzehnten Juni achtzehnhundert zweiundachtzig enthaltenen Bestimmungen die Bedingung geknüpft, daß das durch den Abbruch der Gebäulichkeiten freizulegende Terrain der Stadt Cöln unter der Verpflichtung zu überweisen sei, dasselbe zur Erbreiterung des den Dom umgebenden Platzes zu verwenden, sowie, daß die Verträge über den Ankauf der Grundstücke Namens der Stadt Cöln, von dem Oberbürgermeister abgeschlossen würden. Der gegenwärtige Ankauf sei auf Grund der Verfügung des Ministers der Geistlichen, Unterrichts und Medizinal Angelegenheiten, Herrn von Gosler zu Berlin, vom dreizehnten Juli achtzehnhundert siebenundachtzig geschehen und gehöre das angekaufte Objekt zu den in die Freilegung des Domes fallenden Grundstücken, beziehendlich Gebäulichkeiten.[163]

159. 1 Ar entspricht 100 qm.
160. DBA Köln, Bestand ZDV, Tit. XIIa, 3, o. S.
161. DBA Köln, Bestand ZDV, Tit. XIIa, 3, o. S.
162. 16. August 1887: DBA Köln, Bestand ZDV, B 172.
163. 1. November 1887: DBA Köln, Bestand ZDV, B 182.

Am Hof 17

Verkäufer: *1. Frau Elisabeth geb. Friedberg Witwe von Andreas Borchart, ohne Geschäft in Cöln wohnend. 2. deren Kinder beziehungsweise Schwiegersohn: a) Herr Franz Borchart, Juwelier in Cöln wohnhaft, b) Herr Wilhelm Borchart, Mechaniker in Cöln wohnend, c) Frau Catharina geb. Borchart, ohne Geschäft, Ehefrau des hierbei mitanwesenden und sie zu Gegenwärtigem ermächtigende Johann Schroeder, Schlosser, beide in Ehrenfeld wohnhaft.*

Käufer: *Stadtgemeinde Cöln.*

[...] [Die Erben Borchardt] *verkaufen und übertragen hiermit volleigenthümlich an die Stadtgemeinde Cöln das zu Cöln am Hof gelegene mit der Hausnummer siebzehn bezeichnete Wohnhaus nebst Gebäudefläche Hofraum und allem An- und Zubehör eingetragen im Grundsteuer Kataster der Stadtgemeinde Cöln in Flur dreißig Nummer neunundvierzig der Parzelle mit einem Flächeninhalte von fünfundsechzig Quadratmeter. Ein das angekaufte Grundstück betreffender Auszug aus der Grundsteuer-Mutterrolle des Gemeindebezirks Cöln ausgefertigt durch das Königliche Katasteramt Eins in Cöln am fünften August achtzehnhundert siebenundachtzig ist mit der Urschrift des gegenwärtigen Aktus verbunden worden.* [...] *Die Stadtgemeinde Cöln erwirbt die Immobilie zum Zwecke der Straßenerbreiterung und wird den Grund und Boden nach Niederlegung der aufstehenden Gebäude als freien Platz liegen lassen.*

Der vereinbarte Kaufpreis beträgt sechsundsechzig tausend Mark Reichswährung und erhält wie folgt: A: dreiunddreißig tausend Mark nachdem durch einen vierzehn Tage nach Abschluß des gegenwärtigen Aktes zu entnehmenden Hypotheken Auszug der rechnerisch erbracht sein wird, daß das Verkaufsobjekt, wie garantirt von Hypotheken und Privilegien gänzlich frei ist, oder sofern gleichzeitig vermittelst des zu zahlenden Betrages die Freistellung von etwa dennoch vorhandenen Hypotheken erfolgt. B: der alsdann noch verbleibende Rest von drei und dreißig tausend Mark zur einen Hälfte nach der im Jahre achtzehnhundert achtundachtzig und zur anderen Hälfte im Jahre achtzehnhundert neunundachtzig stattfindenden Ziehung der betreffenden Dombau Prämien Collecte, spätestens aber zur einen Hälfte am ersten Juli achtzehnhundert achtundachtzig und zur anderen Hälfte am ersten Juli achtzehnhundert neunundachtzig. Die vorbezeichneten Raten sind bis zu den Erhalttagen unverzinslich. Der Besitzantritt erfolgt mit dem Tage an welchem die Stadt Cöln zur Niederlegung der Gebäude schreiten wird [...].[164]

Am Hof 15

Verkäufer: *Friedrich Mostert, Bäckermeister in Cöln am Hof No 15 wohnend.*

[...] *das zu Cöln am Hof gelegene, mit der Hausnummer 15 bezeichnete Wohnhaus nebst Gebäulichkeiten, Hofraum, Küche und allem An- und Zubehör, eingetragen im Grundsteuer Kataster der Stadtgemeinde Cöln in Flur 30 No 311/48 der Parzelle mit einem Flächeninhalte von 82 Quadratmeter. Ein das verkaufte Grundstück betreffender Auszug aus der Grundsteuer Mutterrolle des Gemeindebezirks Cöln ausgefertigt durch das Königliche Katasteramt Eins in Cöln am 5ten August 1887 ist mit der Urschrift des gegenwärtigen Aktus verbunden worden.* [...] *Die Stadtgemeinde Cöln erwirbt das Grundstück zum Zwecke der Straßenerbreiterung und wird das Grundstück nach Niederlegung der aufstehenden Gebäude als freien Platz liegen lassen.* [...] *Der vereinbarte Kaufpreis beträgt 108 tausend Mark Reichswährung und erfällt wie folgt: A: 54 tausend Mark nachdem durch einen 15 Tage nach Abschluß des gegenwärtigen Aktus zu entnehmenden Hypothekenauszug der Nachweis erbracht sein wird, daß das Verkaufsobjekt wie garantirt, von Hypotheken und Privilegien gänzlich frei ist oder sofern gleichzeitig vermittelst des zu zahlenden Betrages die Freistellung von etwa darauf vorhandenen Hypotheken erfolgt. B: der alsdann verbleibende Rest von 54 tausend Mark zur einen Hälfte nach der im Jahre 1889 stattfindenden Ziehung der betreffenden Dombau Prämien Collecte spätestens aber zur einen Hälfte am ersten Juli 1889.* [...] *Der Besitzantritt erfolgt mit dem Zeitpunkt, an welchem die Stadt Cöln zur Niederlegung der Gebäude schreiten wird* [...].[165] (Abb. 54)

Domhof 1, 5, 7, 9, 9-, 11 (Domhotel)

Die Erben Metz übertragen die ihnen eigenthümlich zugehörigen Grundstücke Domhof No 5, 7, 9, 9- und 11 und das unter dem Hachtbogen gelegene Haus Domhof No 1 nebst allen zubehörigen und aufstehenden Gebäulichkeiten mit einer Gesammtfläche von 1.117, 8 Quadratmetern, wie sich diese Grundstücke aus dem anliegenden Plane sub (...) ergeben, in das Eigenthum des Verwaltungs-Ausschusses des Central-Dombau-Vereins bezw. der Stadt Köln – der Eigenthums-Uebergang an die Stadt Köln vollzieht sich mit Thätigung des mit derselben abzuschließenden notariellen Aktus. Letztere tritt mit diesem Moment auch in den rechtlichen Besitz der oben erwähnten Objecte um dieselben, insbesondere das unter

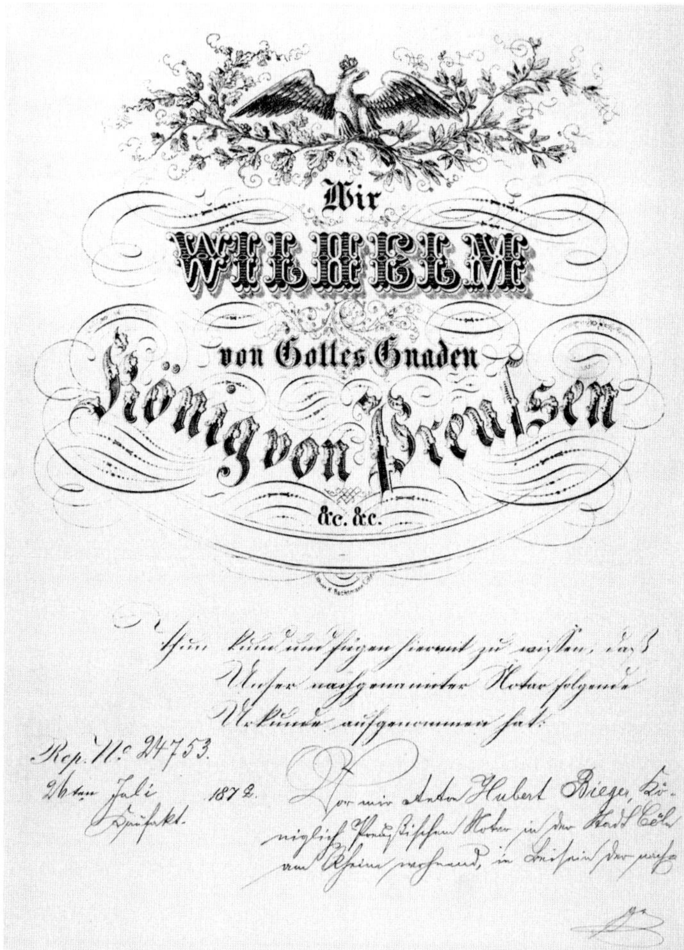
Wir
WILHELM
von Gottes Gnaden
König von Preussen
&c. &c.

Rep. No 24753.
1872.

Abb. 54
Obligation (Schuldverschreibung) zum Grundstück Am Hof 15.
DBA Köln, Bestand ZDV, B 181.

dem Hachtbogen gelegene Haus Domhof No 1 mit denselben Rechten und Verbindlichkeiten zu besitzen, wie Verkäufer und deren Rechtsvorgänger.

I *der factische Besitz-Uebergang geschieht nach den Bestimmungen der No V die Miethverträge mit den Miethern dieser Objecte laufen in seitheriger Weise weiter, jedoch verpflichten sich bei einer etwaigen Neuvermiethung die Erben Metz eine Kündigungsberechtigung von Monat zu Monat vorzusehen.*

II *die folgenden, in dem jetzigen Domhotel befindlichen Gegenstände sind jedoch von diesem Uebertrage ausgeschlossen und verbleiben Eigenthum der Erben Metz:*

a. die Ausrüstung der schlaraffischen Burgeinrichtung und die vorhandenen gebrannten und geschliffenen Fenster.
b. die im Hotel befindlichen Aufzüge
c. das Schild und die Fahnenstange auf dem Dache
d. der Küchenherd nebst Zubehör.

III *Dagegen überträgt der Verwaltungs-Ausschuß des Central-Dombau-Vereins bezw. die Stadt Köln in das Eigenthum der Erben Metz einen 1.030,4 Quadratmeter großen Theil aus dem Grundstück am Hof No 5 jedoch ohne Gebäude, ferner das 407 Quadratmeter große Grundstück Domkloster No 4 mit aufstehenden Gebäulichkeiten und endlich 74 Quadratmeter neben diesem Grundstück in östlicher Richtung, welche Grundstücke in der anliegenden Karte sub (...) eingezeichnet sind. – Alle diese Immobilien sub III sind hypothekenfrei.*

164. 8. November 1887: DBA Köln, Bestand ZDV, B 168.
165. DBA Köln, Bestand ZDV, Tit. XIIb, 2, o. S.

IV *Gegen den Grund und Boden der Erben Metz in Größe von 1.117,8 Quadratmeter, wie solcher hier vor sub I näher angegeben ist, liefert der Verwaltungs-Ausschuß des Central-Dombau-Vereins, bezw. die Stadt Köln, denselben ein gleiches Arreal aus der sub III bezeichneten Bodenfläche tauschweise, für die überschießenden 393,6 Quadratmeter, welche die Stadt Köln den Erben Metz überliefert erhält dieselbe bezw. der Verwaltungs-Ausschuß des Central-Dombau-Vereins eine baare Herausgabe von 666 Mark pro Quadratmeter, ausmachend im Ganzen 262.137 Mark 60 Pfennig.*

Die Erben Metz treten mit Abschluß des notariellen Aktus in den rechtlichen Besitz der ihnen zu übertragenden Immobilien und beziehen von dem Tage des Aktus an die Miethen des Tilmes'schen Hauses, welches auf dreimonatliche Kündigung an den Oberstleutnant Lilly vermiethet ist. In den physischen Besitz der übrigen Terrains treten sie, falls das Steueramt niedergerissen ist, ebenfalls mit dem Datum des Aktus. Wenn nicht, hat der Verwaltungs-Ausschuß des Central-Dombau-Vereins bezw. die Stadt Cöln das Steueramt mit Ablauf von zehn Wochen bis zur Höhenlage der Pflasterung und ohne Einschlagen der Gewölbe abzureißen und das Terrain zu überliefern.

V *Für die auf den sub I bezeichneten Grundstücke aufstehenden Gebäude erhalten die Erben Metz 450.000 Mark, woraus zunächst die auf dem Besitzthum haftenden, von Erben Metz sofort zu kündigenden Hypotheken im Gesammtbetrage von 230.400 Mark getilgt werden, während der Rest von 219.600 Mark mit der, der Stadt Köln nach IV zukommenden Baar-Herausgabe von 262.137 Mark 60 Pfennig compensationsweise derart verrechnet werden soll, daß der zu Gunsten der Stadt Köln sich ergebende Ueberfluß von 4.257 Mark 60 Pfennig binnen 4 Wochen nach Thätigung des notariellen Aktus baar zu zahlen ist.*

Die Erben Metz verzinsen mit 2 1/2 Prozent obige 450.000 Mark bis zum Tage der Ueberlieferung der Gebäulichkeiten des jetzigen Domhotels nebst Zubehör und zwar bezüglich des Betrages von 219.000 Mark vom Tage des notariellen Aktus und des zur Tilgung der Hypotheken zu verwendenden Betrages von 230.400 Mark vom Tage der Zahlung an die Hypotheken-Gläubiger.

Anlangend die Ueberlieferung der vorerwähnten Gebäulichkeiten verpflichten sich Erben Metz vom Tage des notariellen Aktus mit der Stadt Köln angerechnet innerhalb 4 Monate die Bauzeichnungen behufs Erlangung der baupolizeilichen Genehmigung zur Ausführung des Hôtels auf den durch diesen Akt erworbenen und sonst erworbenen und zu erwerbenden Realitäten einzureichen. Sie verpflichten sich ferner, spätestens nach Ablauf von 2 1/2 Jahren bezw. im Falle eines Brandunglücks im Neubau spätestens nach Ablauf von 3 1/2 Jahren, nachdem die baupolizeiliche Conzession zur Ausführung des neuen Hotels ertheilt ist, die ihrerseits an die Stadt Köln abgetretenen, auf den sub I gedachten Realitäten befindlichen Baulichkeiten derselben geräumt zu überliefern.

Sollte ein Krieg ausbrechen, in dem Deutschland verwickelt ist, so verlängert sich die Frist zu Gunsten der Erben Metz um die Zeit der Dauer dieses Krieges bis zum Friedensschluß.

VI *Die Stadt Köln, bezw. der Verwaltungs-Ausschuß des Central-Dombau-Vereins erwirbt die sub I erwähnten Grundstücke und Gebäulichkeiten zum Zwecke der Straßenerbreiterung und wird den Grund und Boden nach Niederlegung der darauf befindlichen Gebäude, soweit nicht auf demselben der weiter unten erwähnte Säulengang zu stehen kommt, als freien Platz liegen lassen.*

VII *Der Abbruch des Hauses am Hof No 7 hat, nachdem der Vertrag perfect geworden, durch den Verwaltungs-Ausschuß des Central-Dombau-Vereins bezw. die Stadt Köln nach Ablauf von drei Monaten von dem Tage zu beginnen und innerhalb zehn Wochen zu geschehen, an welchem dem jetzigen Miether dieses Hauses Voelkenrath auf Veranlassung der Erben Metz die Kündigung des Miethverhältnisses zugestellt sein wird.*

VIII *Die übrigen Häuser am Hof, welche von dem Verwaltungs-Ausschuß des Central-Dombau-Vereins bezw. der Stadt Köln zum Zwecke der Niederlegung bereits erworben sind, sollen 3 1/2 Monate von dem Tage angerechnet, an welchem die Erben Metz das baupolizeiliche Attest über die stattgehabte Abnahme des Rohbaues des neuen Hotels vorlegen werden, abgebrochen und dieser Abbruch in möglichst kurzer Zeit, einschließlich der damit verbundenen Einebnungsarbeiten schnellstens gefördert und spätestens in weiteren 6 Wochen zu Ende geführt werden.*

Anlangend sodann die sub I gedachten Gebäude der Erben Metz sollen dieselben, sobald das neue Domhôtel bezogen und in Betrieb gesetzt ist, seitens der Stadt Köln in möglichst kurzer Zeit niedergelegt, den Abbruchsarbeiten schnellstens, einschließlich der damit verbundenen Einebnungsarbeiten gefördert, und spätestens nach Ablauf von vierzehn Wochen, vom Tage der Räumung angerechnet, zu Ende geführt werden.

Ausgenommen davon ist der selbstständige Saal-Anbau des alten Hotels. Die Stadt Köln ist verpflichtet, auf An-

trag der Erben Metz denselben in der von letzteren anzugebenden Ausdehnung innerhalb 4 Wochen auch zu einem früheren Termin niederzulegen, als zu demjenigen Zeitpunkte, welcher zum Abbruch des alten Hotels vorgesehen ist, behufs der rechtzeitigen Vervollständigung der Colonnaden des neuen Hotels.

IX *Die Erben Metz verpflichten sich auf den sub III oben näher bezeichneten Realitäten und anderen, bereits erworbenen und etwa noch zu erwerbenden Realitäten ein neues Domhôtel zu bauen. Sie verpflichten sich, die Facade desselben nach dem Domhofe zu nach einem hier beigefügten Plane in einer der Umgebung würdigen Weise zur Ausführung zu bringen. – Dieselben sind verpflichtet, an der Ostseite des Hotels, also nach dem Domhofe zu, in einer Breite von 5 Meter über die Baufluchtlinie hinaus, mithin auf städtischem Eigenthum, auf ihre Kosten einen Säulengang nach diesem Plan anzulegen und berechtigt, diesen Säulengang, welcher als öffentliche Straße gilt, und dessen Passage nicht behindert werden darf, in der aus dem Plane gleichfalls ersichtlichen Weise theilweise zu überbauen.*

X *Der hier mehrgedachte Plan darf bezüglich der Facade nach dem Domhof während des Baues nur mit Genehmigung der Stadt Köln wesentliche Aenderungen erfahren, d. h. solche Aenderungen, welche die Massangliederung betreffen, nicht aber Architectur Formen und Gliederungen.*
Etwaige spätere Aenderungen bedürfen gleichfalls stets der Genehmigung der Stadt Köln, soweit dabei der Säulengang bezw. der Ueberbau in Frage kommt.

XI *Im Falle eines Uebertrages der gemäß dieses Aktus erworbenen Liegenschaften an dritte sind Erben Metz verpflichtet, denselben die Uebernahme sämmtlicher, hinnach gegenwärtiger Uebereinkunft treffenden Verpflichtungen ausdrücklich in einer, die Erwerber der Stadt Köln gegenüber direct bindende Form aufzuerlegen. Die Erben Metz bleiben jedoch der Stadt Köln bezw. dem Verwaltungs-Ausschusse des Central-Dombau-Vereins für die Erfüllung der aus diesem Vertrage hervorgehenden Verpflichtungen solidarisch haftbar.*

XII *Bezüglich der auf den Gebäulichkeiten und den Terrains lastenden Steuern und Lasten wird bestimmt, daß der Verwaltungs-Ausschuß des Central-Dombau-Vereins bezw. die Stadt Köln dieselben von den sub I erwähnten Metz'schen Liegenschaften zu tragen hat, vom Tage der Ueberlieferung dieser Metz'schen Terrains. Die Steuern und Lasten der ihnen übertragenen Liegenschaften tragen Erben Metz vom Tage des Aktus.*

XIII *Erben Metz zahlen die Stempelkosten bezüglich des Betrages von 262.137 Mark 60 Pfennig. Die übrigen Stempelkosten zahlt der Verwaltungs-Ausschuß des Central-Dombau-Vereins bezw. die Stadt Köln. Die Kosten des notariellen Aktus tragen beide Partheien gemeinschaftlich.*

XIV *Beide Partheien acceptiren alles Vorstehende gegenseitig.*

XV *Die Perfection dieses Vertrages hängt von der Genehmigung des Herrn Oberpräsidenten der Rheinprovinz ab. Mit dieser Genehmigung ist der Vertrag für alle Partheien verbindlich und erfolgt alsdann sofort die Kündigung des Miethverhältnisses betreffs des Hauses Domkloster No 4.*[166]

Domhof 13, 13- und 15

[...] *In dem bezogenen Acte ist ausgeführt, daß die* [von der Witwe Schaeben] *verkauften Grundstücke zu denjenigen gehören, welche zur Freilegung des Kölner Domes verwendet werden sollen, daß dieselben von der Stadt Köln für Rechnung des Verwaltungsausschusses respektive des Central-Dombauvereins erworben worden sind und mit Geldern des Central-Dombauvereins bezahlt werden sollen. Kraft des Gegenwärtigen bekenne ich durch Vermittlung des fungierenden Notars von dem Vorstande des Central-Dombauvereins den obigen Gesammtpreis von zweihundertzwanzigtausend zweihundertfünfzig Mark sammt Zinsen davon zu fünf Prozent fürs Jahr vom fünfzehnten Dezember vorigen Jahres bis heute mit zweitausend zweihundertzwei Mark fünfzig Pfennig, somit im ganzen zweihundertzweiundzwanzigtausend vierhundertzweiundfünfzig Mark fünfzig Pfennig baar empfangen zu haben und ertheilen darüber hiermit Quittung. Auch willige ich darin ein, daß dem Vorstande des Central-Dombau-Vereins beziehungsweise der Stadt Cöln Ausfertigung des Gegenwärtigen ertheilt wird* [...].[167]

166. Entwurf vom 27. Dezember 1888: DBA Köln, Bestand ZDV, Tit. XIIb, 2, o. S. – Vgl. auch DBA Köln, Bestand ZDV, B183.

167. 26. Februar 1887: DBA Köln, Bestand ZDV, Tit. XIIa, 2, o. S.

Pläne

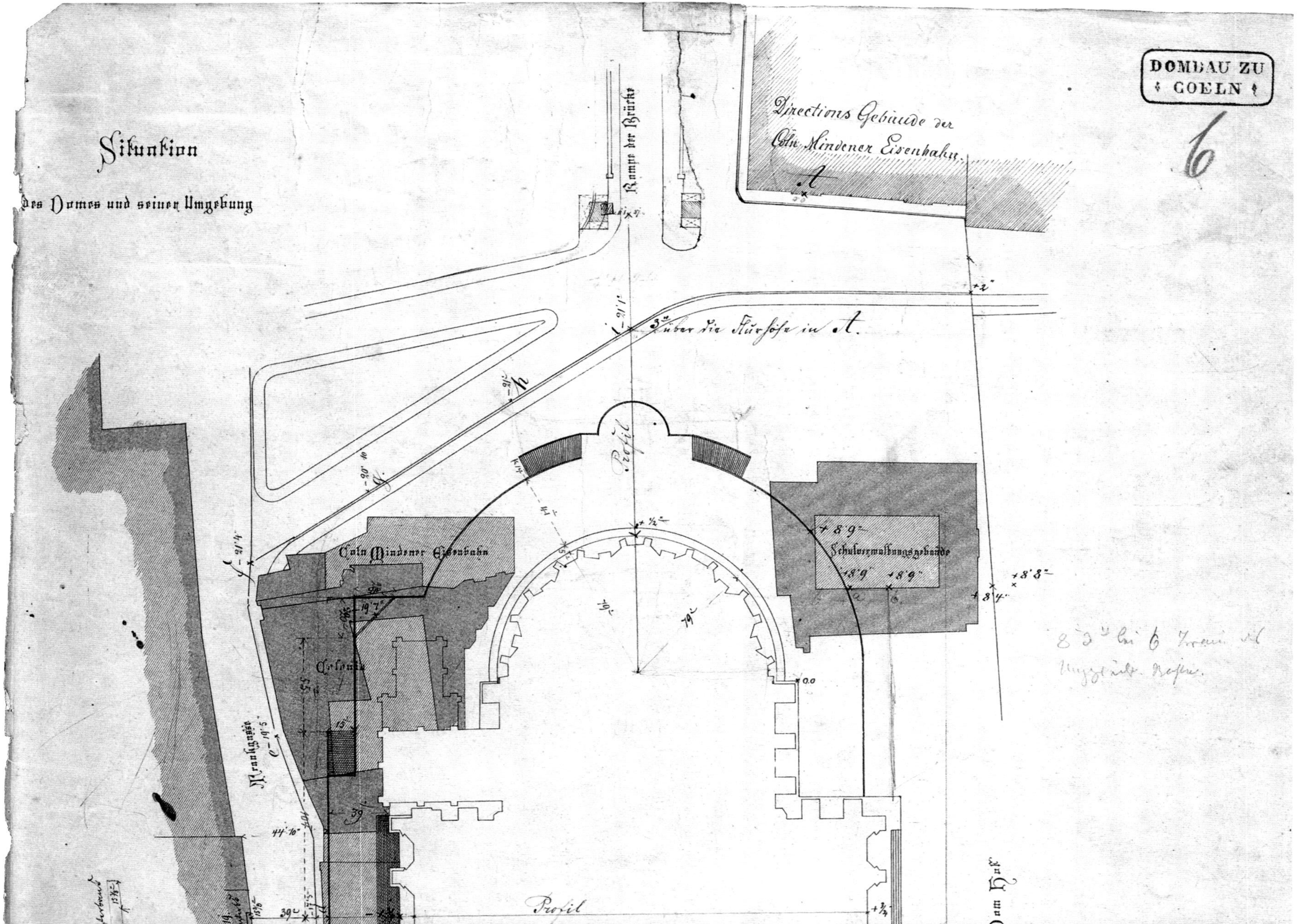

Situation
des Domes und seiner Umgebung
DOMBAU ZU COELN
6
Directions Gebäude der Cöln Mindener Eisenbahn
Rampe der Brücke
über die Nürhöfe in A.
Profil
Cöln Mindener Eisenbahn
Schulverwaltungsgebäude
Trankgasse
Profil

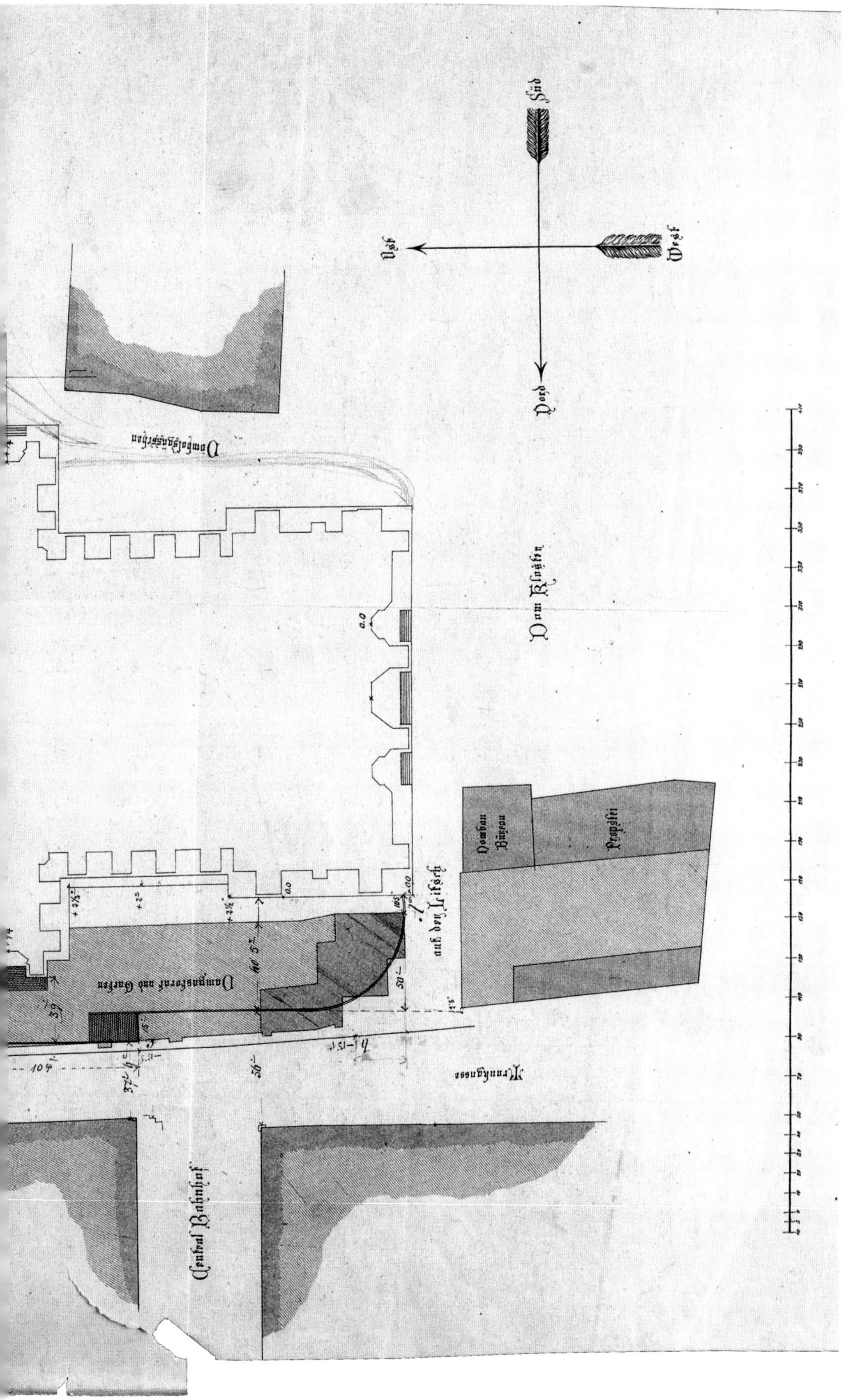

Plan 1
Übertragene und freigelegte Flächen und Gebäude laut Vertrag von 1863.
DBA Köln, Bestand ZDV, Lit. F. suppl. III, vol. I.

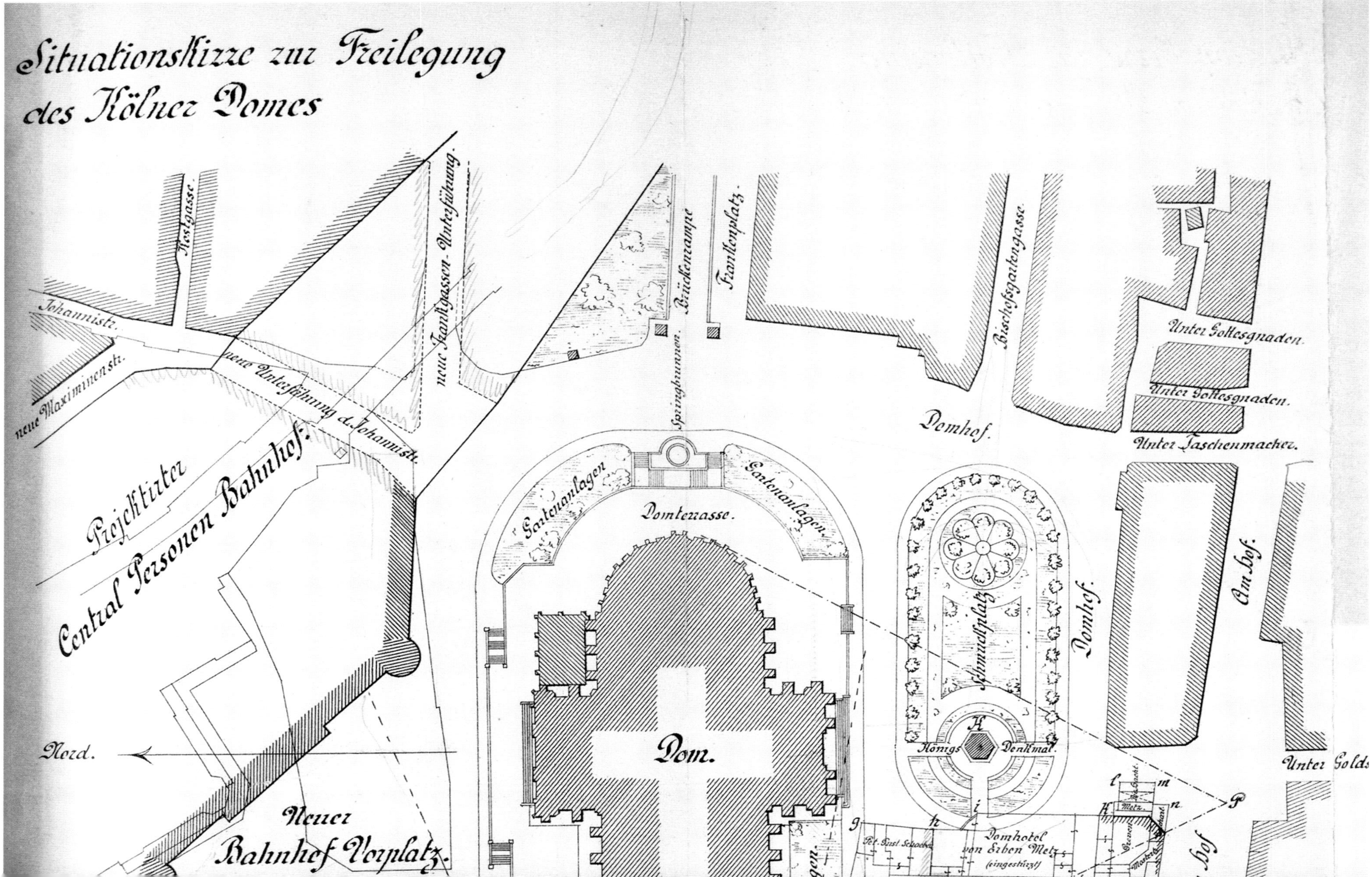
Situationsskizze zur Freilegung des Kölner Domes
Johannistr.
Kostgasse.
neue Maximinenstr.
neue Unterführung d. Johannistr.
neue Trankgassen-Unterführung.
Projektirter
Central Personen Bahnhof.
Brückenrampe
Frankenplatz.
Springbrunnen.
Bischofsgartengasse.
Unter Gottesgnaden.
Unter Gottesgnaden.
Unter Taschenmacher.
Domhof.
Domhof.
Gartenanlagen
Gartenanlagen
Domterasse.
Schmuckplatz
Königs Denkmal.
Am Hof.
Unter Golds
Dom.
Nord.
Neuer
Bahnhof Vorplatz.
Domhotel
von Erben Metz
(eingestürzt)

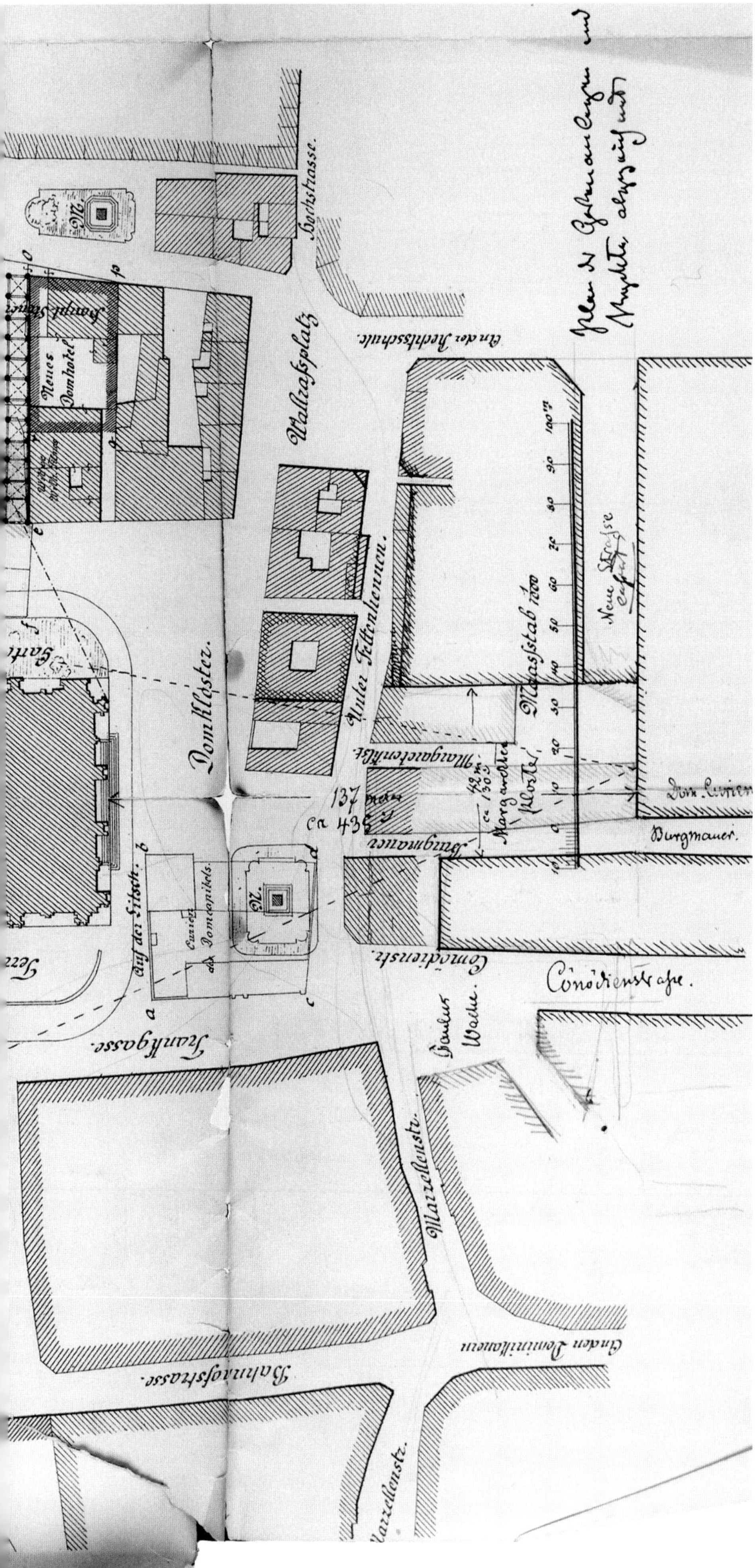

Plan 2
Projekt Stübben 1885: Freilegung des Kölner Domes.
DBA Köln, Bestand ZDV, Lit. F. suppl. III, vol. III, fol. 100.

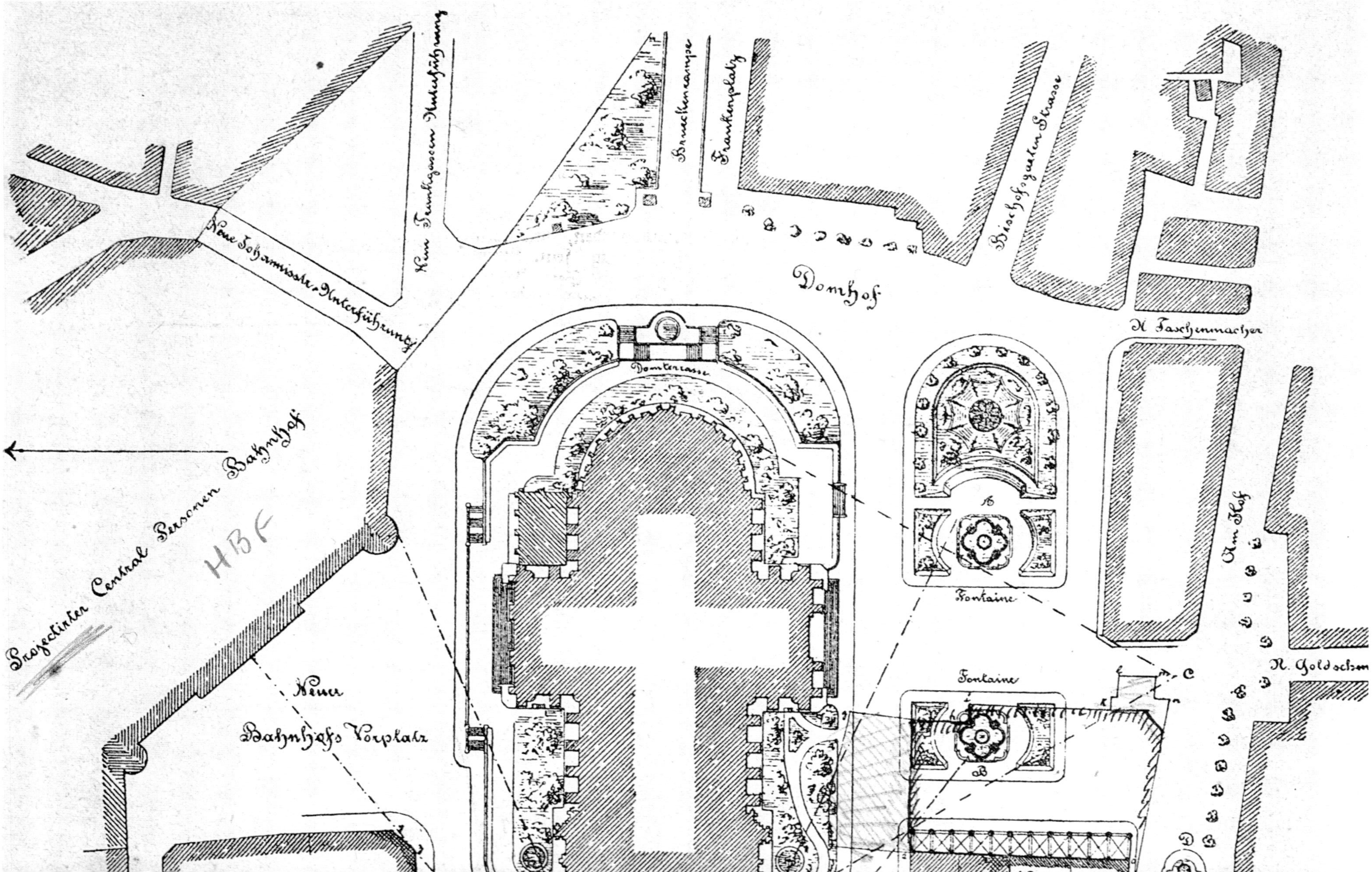

Neue Johannisstr.-Unterführung
Neue Trankgassen Unterführung
Brückenrampe
Frankenplatz
Bischofsgarten Strasse
Domhof
Domterrasse
H. Taschenmacher
Am Hof
Fontaine
Fontaine
H. Goldschm
Projectirter Central Personen Bahnhof
HBF
Neuer
Bahnhofs Vorplatz

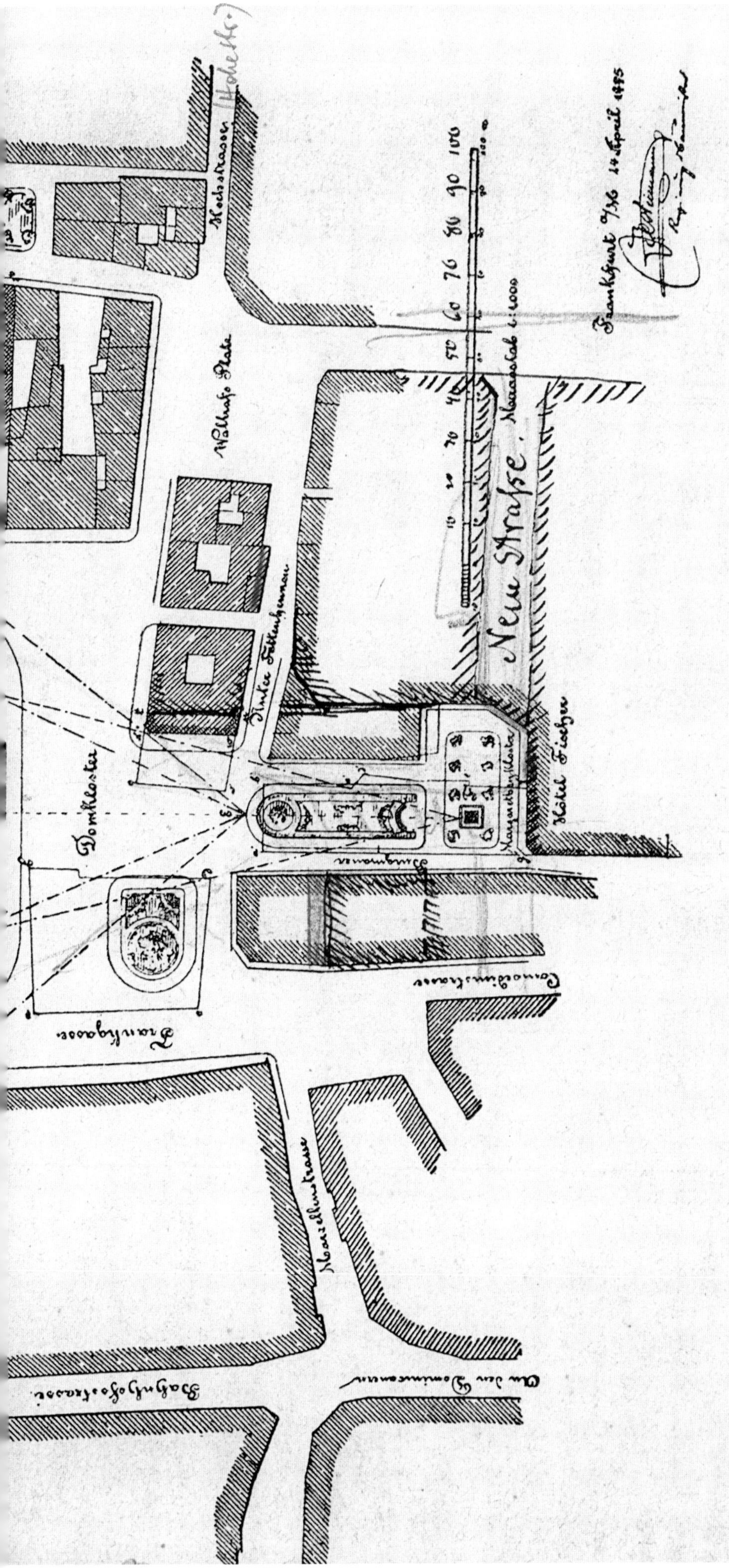

Plan 3
Projekt Heimann 1885: Freilegung des Domes nach Westen.
DBA Köln, Bestand ZDV, Lit. F. suppl. III, vol. III, fol. 103.

Bildnachweis

Dombauarchiv Köln
Abb. Umschlag; Abb. S. 4,
Abb. 8–16, 18, 20–23,
28, 31, 34, 45, 49, 53–54;
Tafel 2, 7; Plan 1–3.

Dombauarchiv Köln,
Matz und Schenk
Tafel 3.

Greven Verlag Köln
Tafel 4.

Historisches Archiv des
Erzbistums Köln, Bildsammlung
Abb. 6–7, 29–30, 39, 46–47, 50.

Kölnisches Stadtmuseum
Tafel 9.

Rheinisches Bildarchiv, Köln
Abb. 1–5, 17, 19, 24–27,
32–33, 35–37, 40–44, 48, 51–52;
Tafel 1, 5–6, 8.

Repro
Uta Grefe, Köln in frühen
Photographien 1847–1914,
München 1988 (Abb. 93).
Abb. 38.

Abkürzungen

AEK
Historisches Archiv
des Erzbistums Köln

DBA
Dombauarchiv

MK
Metropolitankapitel

ZDV
Zentral-Dombau-Verein

Impressum

Bibliographische Information der Deutschen Bibliothek
Die Deutsche Bibliothek verzeichnet diese Publikation in der Deutschen Nationalbibliographie; detaillierte bibliographische Daten sind im Internet über http://dnb.ddb.de abrufbar.

Redaktion
Tina Weber, Birgit Lambert
unter Mitarbeit von Petra Böttcher

Bildredaktion
Christine Di Costanzo

Gestaltung
Lambert und Lambert, Düsseldorf

Lithographie
Fröbus GmbH, Hürth

Druck
Rasch GmbH & Co. KG, Bramsche

Roncalliplatz 2
50667 Köln
www.verlag-koelner-dom.de

1. Auflage 2009
Printed in Germany
ISBN 978-3-922442-64-6